Beiträge zur Anatomie und Histologie von Parasitus kempersi OuDMS (Parasitidae)

Von

Karl Wilhelm Neumann

Mit 35 Textabbildungen (38 Einzelbildern)

Sonderabdruck aus

Zeitschrift für Morphologie und Okologie der Tiere

37. Band, 4. Heft

Abgeschlossen am 22. Juli 1941

Springer-Verlag Berlin Heidelberg GmbH 1941

ISBN 978-3-662-37590-7   ISBN 978-3-662-38371-1 (eBook)
DOI 10.1007/978-3-662-38371-1

Zeitschrift für Morphologie und Ökologie der Tiere

steht Originalarbeiten aus dem Gesamtgebiet der im Titel genannten Arbeitsrichtungen offen.

Die Zeitschrift erscheint zur Ermöglichung raschester Veröffentlichung zwanglos, in einzeln berechneten Heften; mit 40 bis 50 Bogen wird ein Band abgeschlossen.

Der Autor erhält einen Unkostenersatz von RM. 20.— für den 16seitigen Druckbogen, jedoch im Höchstfalle RM. 60.— für eine Arbeit.

Es wird ausdrücklich darauf aufmerksam gemacht, daß mit der Annahme des Manuskriptes und seiner Veröffentlichung durch den Verlag das ausschließliche Verlagsrecht für alle Sprachen und Länder an den Verlag übergeht, und zwar bis zum 31. Dezember desjenigen Kalenderjahres, das auf das Jahr des Erscheinens folgt. Hieraus ergibt sich, daß grundsätzlich nur Arbeiten angenommen werden können, die vorher weder im Inland noch im Ausland veröffentlicht worden sind, und die auch nachträglich nicht anderweitig zu veröffentlichen der Autor sich verpflichtet.

Bei Arbeiten aus Instituten, Kliniken usw. ist eine Erklärung des Direktors oder eines Abteilungsleiters beizufügen, daß er mit der Publikation der Arbeit aus dem Institut bzw. der Abteilung einverstanden ist und den Verfasser auf die Aufnahmebedingungen aufmerksam gemacht hat.

Die Mitarbeiter erhalten von ihrer Arbeit zusammen 40 Sonderdrucke unentgeltlich. Weitere 160 Exemplare werden, falls bei Rücksendung der 1. Korrektur bestellt, gegen eine angemessene Entschädigung geliefert. Darüber hinaus gewünschte Exemplare müssen zum Bogennettopreise berechnet werden. **Mit der Lieferung von Dissertationsexemplaren befaßt sich der Verlag grundsätzlich nicht;** er stellt jedoch den Doktoranden den Satz zur Verfügung zwecks Anfertigung der Dissertationsexemplare durch die Druckerei.

Es ist dringend erwünscht, daß alle Manuskripte in deutlich lesbarer Schrift, am besten Schreibmaschinenschrift (mit mindestens 3 cm breitem freien Rand) eingeliefert werden. Die Manuskripte müssen wirklich druckfertig eingeliefert werden; bei der Korrektur sollen im allgemeinen nur Druckfehler verbessert und höchstens einzelne Worte verändert werden.

Aufnahmebedingungen siehe III. Umschlagseite.

Alle Manuskripte und Anfragen sind zu richten an

Professor Dr. P. Buchner, Leipzig, Zoologisches Institut der Univ., Talstr. 33
oder an
Professor Dr. P. Schulze, Rostock, Zoologisches Institut.

Die Herausgeber
Buchner   Schulze
Springer-Verlag OHG., Berlin W 9, Linkstr. 22/24

---

37. Band   # Inhaltsverzeichnis.   4. Heft

(Aus dem Zoologischen Institut der Universität Rostock.)

BEITRÄGE ZUR ANATOMIE UND HISTOLOGIE VON PARASITUS KEMPERSI OUDMS. (PARASITIDAE)[1].

Von

Karl Wilhelm Neumann.

Mit 35 Textabbildungen (38 Einzelbildern).

(Eingegangen am 15. Januar 1941.)

Inhaltsverzeichnis.

---

[1] D 28.

I. Einleitung.

Über die vergleichende Morphologie und die innere Anatomie der so vielgestaltigen Ordnung der *Acarina* sind wir noch außerordentlich ungenügend unterrichtet, dies gilt selbst für verhältnismäßig gut bekannte Formen wie die *Parasitidae*. Bisher galten diese Tiere als nahe verwandt mit den Zecken. Die gesamte Supercohors (und Cohors) der *Ixodides* Leach 1814, in die also auch die Familie der *Argasidae* C. L. Koch 1844 einbegriffen ist, ist auf eine gemeinsame Wurzel zurückzuführen mit der Supercohors der *Mesostigmata* Canestrini 1891 und hier vor allem mit der Cohors der *Gamasides* Leach 1814 (Graf Vitzthum 1925, S. 273). In zwei Arbeiten (1937 und 1940) stellte nun Oudemans ein neues System der Arthropoden auf, allein auf Grund des Vorhandenseins einer freien oder beweglichen Coxa! In diesem System werden nun auch unsere beiden Milbengruppen völlig auseinandergerissen: die *Mesostigmata* stehen bei den *Soluticoxata*, die *Ixodoidea* bei den *Fixicoxata*! P. Schulze 1938, S. 135, hat diese Neueinteilung für die hier in Betracht kommenden Tiere schon mit guten Gründen bekämpft. Die Fehlgruppierung ließe sich ebensogut für andere Gliedertiere zeigen.

Meine Aufgabe sollte nun darin bestehen, eine *Parasitus*art besonders auf ihren inneren Bau hin zu untersuchen, um auf diese Weise eine Grundlage für Vergleiche mit anderen Milbengruppen zu liefern und im besonderen die Verwandtschaftsverhältnisse zwischen den *Parasitidae* und den Zecken noch einmal zu überprüfen.

Für die Anregung zu dieser Arbeit sowie für seine ständige Anteilnahme und freundlichen Ratschläge möchte ich an dieser Stelle meinem verehrten Lehrer, Herrn Prof. Schulze, aufrichtig danken, ebenso Herrn Doz. Dr. Lüdicke und Herrn Dr. Kästner, Stettin, für ihr Interesse, das sie meiner Arbeit entgegenbrachten, und ihre freundlichen Hinweise dazu. Ferner spreche ich Herrn Willmann, Bremen, meinen Dank aus für die Mühe, die ich ihm mit der Bestimmung der einzelnen Arten bereitet habe.

Parasitus kempersi ist eine halophile Strandmilbenform, die bis vor kurzer Zeit nur von den Küsten Hollands und des Mittelmeeres bekannt war, bis es neuerdings Willmann glückte, sie für den westlichen Teil der Ostsee festzustellen. Im Juni 1939 fand ich sie auch am Strande von Warnemünde und bin jetzt in der Lage, als neueste Fundorte folgende Stellen nennen zu können: Insel *Poel* (Strand bei *Kirchdorf*) 8. 6. 40, Vogelschutzinsel *Langenwerder* 9. 6. 40 und Strand bei *Börgerende* (zwischen *Warnemünde* und *Bad Doberan*) 22. 6. 40. Nach einer in diesem Jahre erschienenen Arbeit von Sellnick wurde sie bereits 1929 von C. H. Lindroth auf Island gesammelt. Nach diesen Fundorten ist anzunehmen, daß sie an weiteren Stellen der Ostseeküste vorkommt.

II. Material und Technik.

Der vom Warnemünder Strande eingetragene Tang wurde mit einem Käfersieb durchgesiebt, wodurch die Milben sehr leicht und vor allem lebend zu bekommen waren. Teils wurden sie sofort fixiert, teils gezüchtet, um ständig als lebendes Material zur Verfügung zu stehen, was besonders im Winter und Frühjahr von Wichtigkeit war.

Die Zucht der Tiere war nicht schwierig, besonders da alle Stadien freilebend sind. Sie ließen sich leicht in Glashäfen züchten, die mit etwas Tang gefüllt waren und denen zweckmäßigerweise zur Resorption des Kondenswassers etwas Filtrierpapier zugegeben war. Auf den mit Vaseline oder einem anderen Fett eingeschmierten Rand der Häfen wurde ein Glasdeckel gelegt, damit ein Entweichen auch der kleinsten Individuen ausgeschaltet wurde.

Die Zuchten im Frühjahr mißrieten sämtlich, wenn man ihre Entwicklung beschleunigen wollte und die Häfen in die Sonne stellte. Die Wasserbildung und die starke schleimige Absonderung der im Tang lebenden Nematoden waren so beträchtlich, daß die Milben entweder ertranken oder an den Nematoden kleben blieben und starben.

Proto-, Deutonymphen und die männlichen Adulti ließen sich am besten in 70%igem Alkohol fixieren. Nach 1—2 Stunden kamen sie etwa die gleiche Zeitlang zur Nachhärtung in 100%igen Alkohol und wurden danach in 70%igem Alkohol zurückgeführt.

Die Fixierung mit Bouin ergab nicht ganz so gute Resultate wie Alkohol.

Ein völlig negatives Ergebnis wurde trotz mehrfacher Versuche mit Carnoy erzielt.

Als einziges brauchbares Fixierungsgemisch für die weiblichen Adulti gelangte das von Petrunkewitsch zur Anwendung; die günstigste Fixierungszeit war 15 Min.

Sehr schlechte Resultate wurden bei der Fixierung der Weibchen mit 70%igem Alkohol erzielt.

Gleichwertige Ergebnisse bei der Fixierung der Larven zeitigten die Methoden nach Bouin, etwa 1 Stunde, und die nach Petrunkewitsch, höchstens 15 Min.

Aus dem 70%igen Alkohol kamen die Objekte auf etwa 24 Stunden in Aceton, das mehrmals erneuert wurde, hierauf in eine Mischung Aceton + Benzol in dem Verhältnis 1 : 1 für etwa 10 Min., dann in reines Benzol auf die gleiche Zeit und schließlich in Benzol + Paraffin für 20 Min. Sodann wurden sie auf einen Tag in reines Paraffin überführt (im Thermostaten bei 60° C) das mehrmals gewechselt wurde. Eine längere Behandlung mit Benzol führte zu schlechten Ergebnissen, da dann das Chitin beim Schneiden splitterte.

Zur Anfertigung von Totalpräparaten wurden die Objekte in manchen Fällen zunächst mit Diaphanol vorbehandelt. Zur Färbung diente Säurefuchsin und Boraxkarmin.

Die Stärke der Schnittserien betrug in den meisten Fällen $10\,\mu$ und nur selten wurden Schnitte von 5 oder 25—$30\,\mu$ angefertigt.

Als Färbemethoden kamen zur Anwendung: Delafields Hämatoxylin unter Nachfärbung mit Eosin oder besser Orange G, welches klarere Bilder ergab, Kardos-Pappenheim, Carbolthionin mit Nachfärbung mit Eosin (vgl. Yalvaç 1939, S. 537), Heidenhain (Eisenalaun-Eosin) und Säurefuchsin-Pikrinsäure (nach Hansen).

Zum Guaninnachweis diente die Methode von Burian. Hierbei sei bemerkt, daß die Einwirkungsdauer des Lösungsgemisches von 30 Sek., wie im Krause angegeben, auf 2 Min. erhöht werden mußte, um ein Resultat zu erhalten.

In einigen Fällen leistete die Behandlung mit Osmiumsäure recht gute Dienste.

Zum Nachweis der Kerne in den Zellen der männlichen Geschlechtsanhangsdrüse wurde die Thymonuclealreaktion nach Feulgen ausgeführt.

III. Cuticula und Hypodermis.

A. Die Cuticula.

Die Beschilderung der Cuticula bei *Parasitus* ist schon von WINKLER (1888, S. 17 u. 18 u. Abb. 15) richtig erkannt und abgebildet. Auch die systematischen Untersuchungen über die einzelnen Schilder sind so ausführlich, daß an dieser Stelle nicht weiter darauf eingegangen zu werden braucht (s. BERLESE 1906).

Überall an den Stellen des Idiosomas, wo sich kein „Gelenkchitn" (dieses s. weiter unten) befindet, tritt die bekannte Plättchen- oder Schuppenbildung auf, d. h., an den beiden Rückenschildern und der ventralen Beschilderung sowie dem Ring um den After. Die Schuppen sind so angeordnet, daß jeweils der Hinterrand der vorderen den Vorderrand der hinter ihr liegenden ein wenig überragt. Sehr deutlich sind diese Bildungen in den beiden Rückenschildern, weniger deutlich in der ventralen Körperbedeckung. Jedes Plättchen ist das Produkt einer Hypodermiszelle.

M. RUSER (1933, S. 200) fand im Zeckenkörper zwei verschiedene Ausprägungen des Chitins, zu denen YALVAÇ (1939, S. 537—540) noch eine dritte hinzufügt: 1. hartes Chitin, bestehend aus Ektostracum (längsgestreift) und Tectostracum, 2. weiches Chitin, bestehend aus Hypostracum (quergeschichtet), Ektostracum und Tectostracum und 3. Gelenkchitin, bestehend aus Hypostracum und Tectostracum. Diese drei Chitinbildungen treten auch bei unserer Milbe auf.

Zu ihrer Darstellung fanden die Färbungen mit Carbolthionin und Eisenhämatoxylin-Eosin Anwendung. In beiden Fällen färbte sich das Hypostracum rosa, das Ektostracum nahm keine Farbe an, wohl aber traten die Längsstrukturen nach Färbung mit Carbolthionin besser hervor, auch färbten beide Methoden das Tectostracum leicht grünlich an.

1. Von hartem Chitin gebildet werden das Capitulum (gewisse Teile machen eine Ausnahme) die Beine, die Stigmen, der Ring um den After, die Analklappen und die Vagina beim weiblichen Adultus.

2. Aus weichem Chitin bestehen die beiden Rückenschilder und die ventrale Cuticula.

3. Das Gelenkchitin befindet sich überall dort, wo eine Dehnung des Körpers bzw. eine Beweglichkeit einzelner Teile erforderlich ist. So ist es am Idiosoma an den Flanken zu finden, wo es nicht quer- sondern mehr schräggeschichtet ist, und dem hinteren Teile zwischen dem zweiten Rückenschild und dem After, wo es ebenfalls in schrägen Lamellen liegt. An diesen Stellen sind schon auf Totalpräparaten die typische Schichtung, die dem Hypostracum zu eigen ist, und vertikal stehende Dehnungsfalten erkennbar. Gelenkchitin liegt ferner zwischen den beiden Rückenschildern in typischer Querschichtung. Zwischen den Beingliedern befindet es sich und schließlich werden am Capitulum die dorsale und ventrale Falte

sowie der ventrale Teil des vorspringenden Karapaxstückes und des
Epistoms von ihm gebildet.

Die Chelizerenscheiden färben sich mit Eosin ebenso wie das Hypostracum bzw. Gelenkchitin rosa an.

Die geschilderten Verhältnisse stimmen mit den YALVAÇschen Befunden für die Zecken überein, eine Ausnahme machen lediglich die beiden
Rückenschilder (bei den Zecken besteht das Conscutum der ♂♂ aus
hartem Chitin (S. 549), das Scutum der ♀♀ aus hartem, das Alloscutum
aus weichem Chitin).

Die Strukturverhältnisse bei der Deutonymphe von *P. kempersi*
liefern den sicheren Beweis dafür, daß sich die beiden Rückenschilder
tatsächlich aus allen drei Schichten aufbauen. Das sich typisch rosa
färbende Hypostracum erreicht hier zwei Drittel der Stärke von Ekto- +
Tectostracum. Beim Adultus ist diese Schicht erheblich dünner.

Mit der bei der Deutonymphe stärker entwickelten Cuticula dürfte auch
wohl die dunklere Färbung der Rückenschilder, die diesem Stadium
zu eigen und bei dem Adultus geschwunden ist, zusammenhängen.

B. Die Hypodermis.

Die die Cuticula bildenden Hypodermiszellen sind schmal und
etwa dreimal länger als der Durchmesser des in ihrer Längsrichtung
stehenden eiförmigen Kernes. Sie sind meist äußerst plasmaarm und
zeigen in ihrem Inneren Vacuolenbildung. Zellgrenzen sind nur selten
und schwer zu erkennen. Der Kern besitzt regelmäßig einen Nucleolus
und zahlreiche Chromatinkörnchen.

IV. Die Laufbeine.
A. Die Subcoxa.

Nach VITZTHUM (1929, S. VII,2) beträgt die ursprüngliche Anzahl
der Beinsegmente sieben. Sie soll jedoch bei den *Parasitiformes* auf
sechs reduziert sein infolge Verschmelzung von Basi- und Telofemur.
Die sechs noch vorhandenen Glieder bezeichnet er als Coxa, Trochanter,
Femur, Genu, Tibia und Tarsus.

Nach Auffindung einer echten Subcoxa bei den *Ixodidea* durch
P. SCHULZE (1932 II, S. 113) konnte bei der vorliegenden Art sowie zwei
weiteren Gamasiden *(Gamasoides carabi* CAN. und *Parasitus coleoptra-
torum* L.), die gerade zur Verfügung standen, die gleiche Bildung nachgewiesen werden (s. Abb. 1a u. b).

M. RUSERs Feststellung (1933, S. 247 u. 248), daß bei den *Ixodidea*
„die Subcoxa zurückgebildet und unter die Bauchhaut verlagert ist",
trifft genau für die *Gamasoides-* und die beiden *Parasitus*-Arten zu.
Sie besteht wie bei den *Ixodidea* „aus einem distalen mit zwei sehr festen
Chitinspangen versehenen Teil und einer weicheren proximalen Chitin-

„falte", die allerdings schwer und nur auf in geeigneter Lage eingebetteten Objekten sichtbar ist. Auf Schnitten „erscheint die Subcoxa als unter die Bauchhaut verlängerte Coxa"; denn ein Gelenk ist weder zwischen Subcoxa und Coxa noch zwischen Subcoxa und ventraler Körperhaut vorhanden.

Daß es sich tatsächlich auch hier um eine echte Subcoxa handelt, zeigen die Muskelansätze und der Verlauf der Muskulatur (s. Abb. 1 b) sowie die Vergleiche in bezug auf die Muskulatur mit der Abbildung von Ruser (1933, S. 254, Abb. 39).

P. Schulze veröffentlichte 1937 eine Untersuchung über die Plangleichheit zwischen *Trilobiten* und Spinnentieren. Auf Grund seiner Ergebnisse (S. 182 bis 224) gelangt er zu dem Schluß, daß die *Trilobiten* zu den Spinnentieren und nicht, wie bislang angenommen, zu den Krebsen zu rechnen sind. Durch seine Vergleiche zwischen Zecken und Trilobiten kann er auf Grund einer Reihe wichtiger gemeinsamer Merkmale eine Verwandtschaft zwischen den beiden Gruppen nachweisen. Andererseits bestehen nun aber auch, wie eingangs erwähnt, Beziehungen zwischen *Ixodidea* und *Meso-stigmata*; eine neue finden wir in der kennzeichnenden Subcoxa, die bei beiden Supercohortes vorhanden ist.

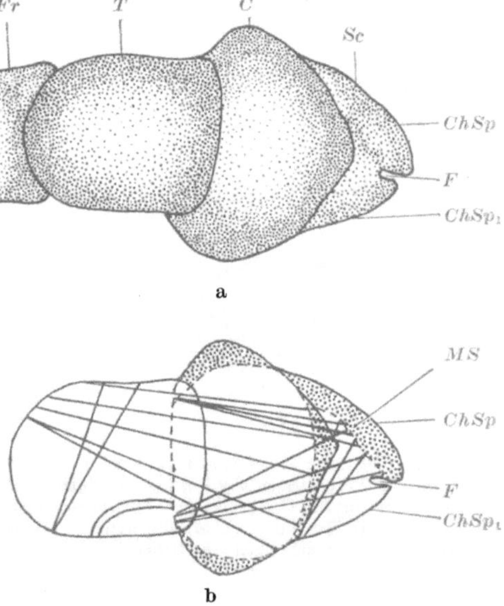

Abb. 1. *P. kempersi.* a *Sc* Subcoxa, *C* Coxa, *T* Trochanter, *Fr* Femur. *ChSp* hintere, *ChSp*ᵢ vordere Chitinspange, *F* Chitinfalte der Subcoxa. b Verlauf der Muskulatur. *MS* Muskelansätze in der Subcoxa. Vergr. 1 : 407.

Neuerdings hat nun Leif Størmer sogar nachweisen können, daß auch den *Trilobiten* eine Subcoxa nach Art der Zecken zukommt.

Eine so übereinstimmende Sonderbildung spricht durchaus für verwandtschaftliche Beziehungen zwischen ihren Trägern und gegen ein Auseinanderreissen der *Parasitiformes*, wie es Oudemans (1937, 1940) durchführen möchte.

Im Anschluß an obige Ausführungen noch eine kurze vorläufige Mitteilung. Die Subcoxa scheint auch ein Charakteristikum anderer Spinnentiere zu sein. Da es nicht meine Aufgabe war, mich im Rahmen dieser Arbeit auch mit den diesbezüglichen Verhältnissen bei anderen Arachnomorphen zu beschäftigen, so habe ich für Vergleiche Material gewählt, das mir gerade vorlag. Dabei konnte ich bei der Thomisidenart *Xysticus erraticus* Blackw. an allen Coxen lappenförmige Anhänge (s. Abb. 2a u. b) feststellen, die meinens Erachtens durchaus darauf schließen lassen, daß wir es hier vermutlich mit den gleichen Bildungen zu tun haben. Bei einem äußerlichen Vergleich dieser Anhänge treten folgende gemeinsame Merkmale in Erscheinung: Die Spangen liegen bei *Xysticus erraticus*, den untersuchten *Parasitidae* und den *Ixodidea* dorsal am Hinterrande der Coxa und zeigen stets eine rostral gerichtete Krümmung. Jedoch sind für die Frage, ob es sich hier

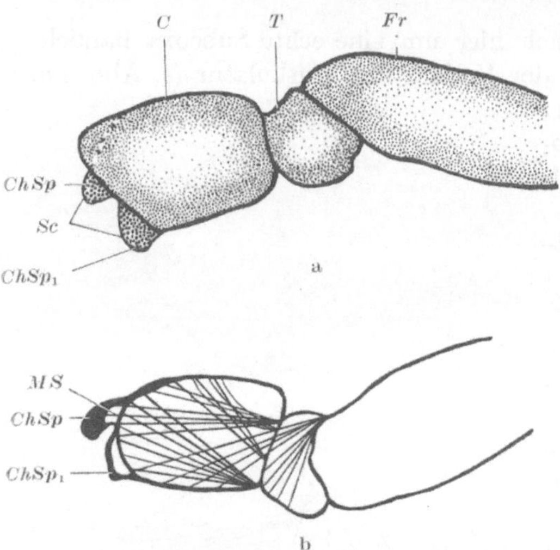

um etwas Ähnliches handeln könnte, der Ansatz und der Verlauf der Muskulatur entscheidend. Abb. 2b zeigt, daß die Muskulatur nun wirklich in der vermeintlichen Subcoxa ansetzt. Offenbar haben wir also auch in diesem Falle eine Subcoxa vor uns; sie ist nicht so gut ausgebildet wie bei den *Parasitiformes*, sondern anscheinend noch stärker rückgebildet.

Abb. 2. *Xysticus erraticus* BLACKW. a Bein IV mit *C* Coxa, *T* Trochanter, *Fr* Femur. *Sc* vermutlich rudimentäre Subcoxa, *ChSp* hintere, *ChSp*₁ vordere Chitinspange. b Verlauf der Muskulatur in Bein III. *MS* Muskelansätze an der hinteren Chitinspange. Vergr. 1 : 40.

B. Die Scheinsegmentierung (Pseudoartikulation) der Beine.

An den Beinen I—IV befinden sich mehr oder weniger deutlich sichtbare Einkerbungen, die bestimmte Glieder zum Teil ringförmig, zum Teil halbkreisförmig umschließen können. Ihr Vorhandensein könnte den Anschein erwecken, daß außer den bekannten noch weitere Glieder vorhanden seien. Der Verlauf der Muskulatur jedoch zeigt, daß es sich in diesem Falle nicht um echte, sondern lediglich um Scheinsegmente handelt.

Zieht man einen Vergleich zu den *Ixodoidea*, so sieht man, daß bei den *Prostriaten (Ixodes)* und den *Argasidea* die Scheinsegmente an den Tarsi I fehlen, wogegen sie den *Metastriaten* zukommen (*P.* SCHULZE 1941).

GRANDJEAN (1936) beschrieb diese Pseudoartikulation an den Femora und Tarsi von Larven und Adulti von *Pergamasus robustus* OUDMS. und bildete sie ab (Abb. 1 u. 2; s. auch seine Abbildungen bei VITZTHUM 1940, S. 235, Abb. 242).

TRÄGÅRDH äußert sich ebenfalls (1911—1913) über diese Bildungen an den Tarsen und sagt, daß sie bei den *Parasitidae* wohl vorkommen, jedoch in den allermeisten Fällen nur bei den Jugendstadien, bei den ausgewachsenen Individuen sind sie gewöhnlich mehr oder weniger stark geschwunden. Nach ihm gibt es nur sehr wenige Arten, bei denen auch die Adulti diese Erscheinung an den Tarsi zeigen.

Bei der vorliegenden Art liegen die Verhältnisse folgendermaßen:

Grundsätzlich ist die Scheinsegmentierung in *allen* Stadien und bei beiden Geschlechtern vorhanden.

Auf dem Femur befindet sich kurz hinter der Ansatzstelle am Trochanter je ein Einschnitt. Er reicht auf der Ventralseite weiter nach vorne als auf der Dorsalseite. Lateral erscheint er in seinem dorsoventralen Verlauf mehrmals geschlängelt. Dies gilt für beide Geschlechter in allen Stadien.

Die Tarsi aller Entwicklungsstufen besitzen zwei Scheinsegmente. Am Tarsus I liegt der erste Einschnitt wieder gleich hinter der Ansatzstelle an die Tibia, der zweite kurz vor der Tarsusspitze, etwa an der Stelle, wo die Geruchsborsten ihren Sitz haben. Er entspricht dem Scheingelenk der *Ixodiden*. Die Tarsi II—IV teilen sie in drei fast gleiche Abschnitte, deren vorderster allerdings um ein weniges größer ist als die beiden vorherigen.

In bezug auf den Verlauf dieser Einschnitte zeigt der Tarsus I einen gewissen Unterschied gegenüber den übrigen. Wie bei den Femora liegt auch hier die ventrale Hälfte der proximalen Einkerbung weiter distalwärts als die dorsale. Diese bildet nicht einen geraden Bogen im Chitin, sondern hat die Form eines liegenden in die Breite gezogenen W angenommen. Den übrigen Tarsi fehlt diese Form. Am markantesten sind die Verhältnisse bei den Nymphen ausgeprägt, bei den Adulti ist die W-Form fast vollends verloren gegangen, so daß der dorsale Bogen ziemlich gestreckt verläuft.

Der zweite, also distale Einschnitt am Tarsus I unterscheidet sich von dem der übrigen Tarsi insofern, als er noch ganz um ihn herumläuft. Die Beine II—IV hingegen zeigen nur noch eine spaltförmige Andeutung auf ihrer Dorsalseite.

Der Verlauf der Einschnitte auf sämtlichen Beinen ist so angeordnet, daß sie alle auf der Dorsalseite eine proximalwärts gerichtete Ausbuchtung aufweisen.

Vitzthum bezeichnet die pseudoartikulären Segmentierungen auch als Spaltorgane (1940, S. 233f.). Über ihre Bedeutung sagt er (S. 236): „Die Bedeutung und Funktion der Spaltorgane ist unbekannt. Sie werden hier an dieser Stelle erwähnt, weil die leierförmigen Organe allgemein als Sinnesorgane aufgefaßt werden. Es wäre aber zu erwägen, ob die Spaltorgane der Acari nicht besser zu den Drüsen gerechnet werden."

Die bei der vorliegenden Art daraufhin angestellten Untersuchungen haben ergeben, daß es sich weder um das eine noch um das andere handeln kann. Es liegen in der Gegend dieser Spalten weder Nerven- noch irgendwelche Drüsenzellen.

V. Das Capitulum und die Mundwerkzeuge.

Von besonderer Wichtigkeit für den Nachweis nahe verwandtschaftlicher Beziehungen zwischen *Ixodoidea* und *Parasitidae* sind vergleichende Untersuchungen an den Mundwerkzeugen dieser beiden Gruppen. Für die Zecken hat P. Schulze in mehreren Arbeiten die betreffenden Verhältnisse klargelegt. Wirklich gute Untersuchungen über die Mundwerkzeuge der übrigen Milben sind bisher leider nicht erschienen. Freilich sind schon früher diesbezügliche Deutungsversuche unternommen; sie weisen jedoch mehr oder weniger fast alle noch Fehler und Irrtümer auf. Wenn es sich herausstellen sollte, daß die Mundwerkzeuge und das Capitulum der *Mesostigmata* den gleichen Grundbauplan verfolgen wie die entsprechenden Teile der *Ixodoidea*, so hätte man wiederum einen Beweis mehr für die nahen Verwandtschaftsbeziehungen zwischen den beiden *Parasitiformes*-Gruppen in den Händen (vgl. Vitzthum 1940, S. 51).

In enger Anlehnung an die Untersuchungen von P. Schulze sollen im folgenden „die morphologischen Auswirkungen, die durch die Abgliederung des Gnathosoma vom Cephalothorax entstehen" (P. Schulze 1938 II, S. 138), beschrieben werden.

Der Zeckenkörper kann nach P. Schulze als aus drei elliptischen Rohren zusammengesetzt gedacht werden (1938 II, S. 138), und zwar aus dem Gnathosoma, dem Zwischenstück und dem Rumpf. Die gleichen Verhältnisse sind bei der vorliegenden *Parasitus*-Art gegeben. Wir können demnach auch hier ein Gnathosoma, ein Zwischenstück und einen Rumpf („Idiosoma") unterscheiden.

Das Capitulum reicht bei den Zecken (P. Schulze 1938, II, S. 138) ventral weiter nach hinten als dorsal.

P. Schulze wies (1932 II, S. 113) wie oben erwähnt nach, daß den *Ixodidea* eine unter die Bauchhaut verlagerte Subcoxa zukommt. Da nun die Coxen nachweislich einen wesentlichen Anteil an der Zusammensetzung des Capitulums haben, kommt er zu dem Schluß, daß auch die Subcoxa an dem Aufbau des Capitulums beteiligt sein muß (1935, S. 18 u. 19, 1938 II, S. 140). Die beiden Subcoxen bilden das sog. Subcollare, das schon in das Zwischenstück einbezogen ist.

Auch bei der vorliegenden Art konnten die Subcoxen nachgewiesen werden; und da das Subcollare hier deutlich in Erscheinung tritt (s. Abb. 3 *Sc*), ist zu folgern, daß es auch hier aus den beiden verschmolzenen Subcoxen besteht.

An den Hinterrand des Subcollare schließt sich dorsal bei den Zecken eine weichhäutige Falte als Verbindung zwischen Gnathosoma und Rumpf an, die bei den *Ixodidea* die sog. Hängemattenfalte (P. Schulze 1938 II, S. 140 u. 141) darstellt. Eine ähnliche Falte ist auch *P. kempersi* an der gleichen Stelle zu eigen (s. Abb. 4 *dF*), entspricht aber nicht der ganzen Hängemattenfalte, sondern könnte lediglich mit einem Teile derselben homologisiert werden. Sie ist bei den Zecken viel größer und auch deutlicher erkennbar; im Zusammenhang mit dem GÉNÉschen

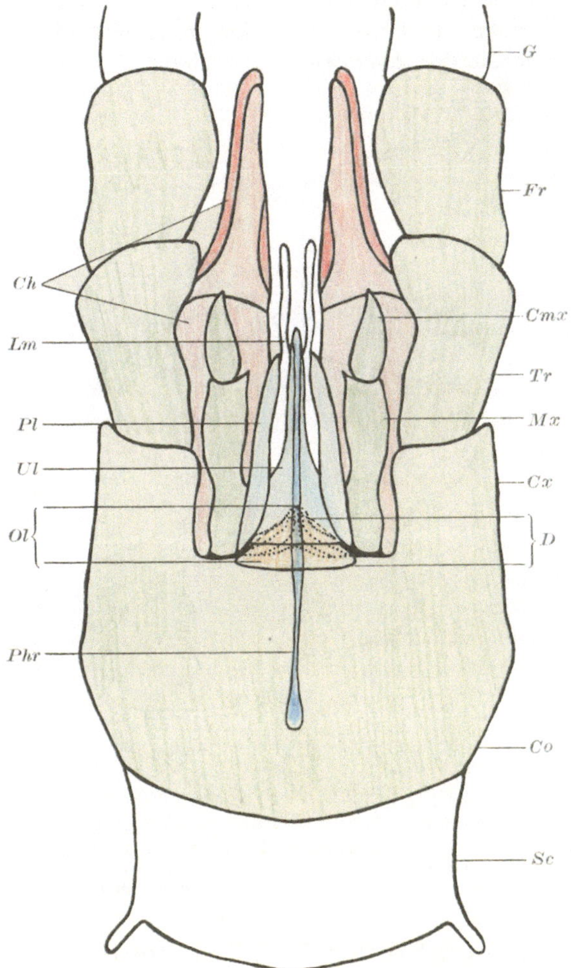

Abb. 3. Capitulum einer Deutonymphe. *Sc* Subcollare, *Co* Collare, *Cx* Coxa, *Tr* Trochanter, *Fr* Femur, *G* Genu, *Mx* Lade, *Cmx* Corniculus maxillaris, *Ch* Chelizere, *Ol* Oberlippe, *Ul* Unterlippe, *D* Deuterosternum, *Phr* Pharynxrinne, *Pl* Paralabrum, *Lm* Lacinia maxillaris. Vergr. 1 : 366.

Organ ist sie besonders stark ausgeprägt und spielt bei der Eiablage eine bedeutsame Rolle (P. SCHULZE 1938 II, S. 144). Ein GÉNÉsches Organ bzw. Drüsen, die in diese Falte einmünden, fehlen. Daher dient in unserem Falle die weit weniger ausgebildete Falte nur zur Aufnahme des hinteren Teiles des Capitulums, wenn es eingezogen werden soll.

Am Hinterrande des Subcollare liegt bei den Zecken ferner ventral
eine Falte, die Crumena (P. SCHULZE 1936, S. 626, 1938 II, S. 140 u. 141).
Sie dient ebenfalls zur Aufnahme des hinteren Abschnittes des Capitulums.
An derselben Stelle ist auch bei *P. kempersi* eine ähnliche, doch nicht
ganz so gut ausgebildete Falte vorhanden (s. Abb. 4 *vF* u. 16 *vF*). Sie
dürfte der Crumena der *Ixodiden* entsprechen.

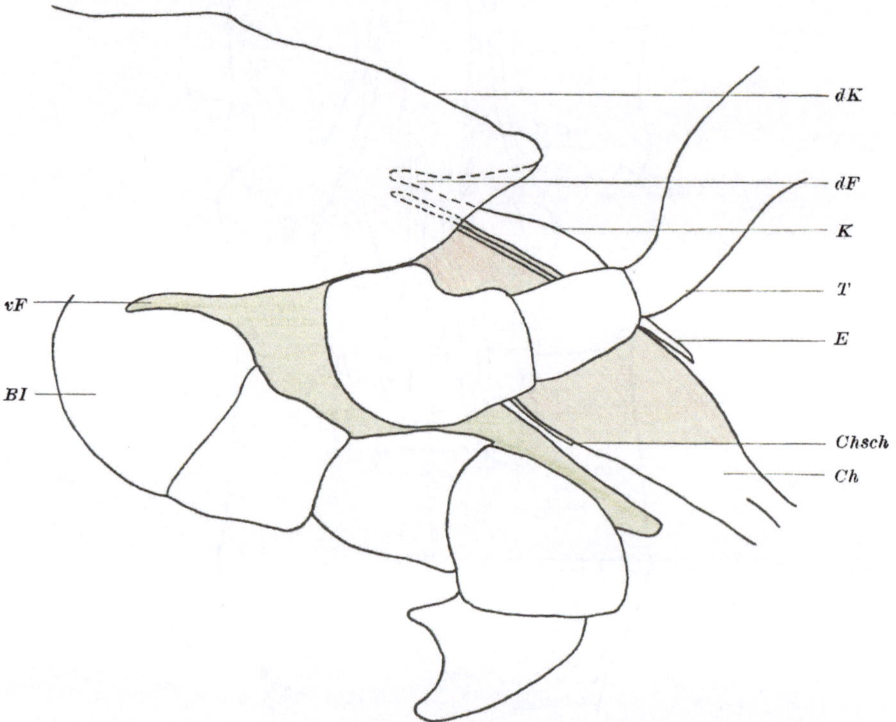

Abb. 4. Seitenansicht des Capitulums eines Adultus. *dK* dorsale Körperdecke, *dF* dorsale
Falte, *K* Karapaxanteil des Gnathosomas, *E* Epistom, *Chsch* Chelizerenscheide,
Ch Chelizeren, *T* Palpus, *vF* ventrale Falte in der Nähe von Bein I. Vergr. 1 : 366.

P. SCHULZE sagt (1938 II, S. 137): „Vom vorderen Teil des Karapax
hat sich nun bei den *Acarina* die Spitze abgegliedert, sie wird unter Verschmelzung mit coxalen und trochantalen Anteilen der Mandibular-
palpen (P. SCHULZE 1938 I, S. 453) zum Träger der Mundwerkzeuge (Basis
capituli, Collare) und bildet mit diesen zusammen das Gnathosoma.‟

Das Gnathosoma besteht aus den seitlich gelegenen Palpen, deren
Coxen (*Cx*) an der Basis zum Collare (Basis capituli) (*Co*) verschmolzen
sind. Auf seiner Innenseite stehen neben den Tastern die Laden („Maxil-
len‟) (*Mx*) mit den bei dieser Art stark abgesetzten Corniculi maxillares
(*Cmx*). Oberhalb von ihnen verlaufen in den Chelizerenscheiden (*Chsch*)

die Chelizeren (*Ch*). Über ihnen liegt dorsal der vorspringende Karapaxanteil (*K*) mit dem Epistom (*E*) an seiner Spitze.

Wenden wir uns jetzt den Teilen zu, die die Mundöffnung umgeben. Unterhalb der Pharynxöffnung liegt die Unterlippe (*Ul*) mit einer medianen, von ihrer Spitze nach hinten verlaufenden und sich auf den vorderen Teil des Collare fortsetzenden Rinne, der Pharynxrinne (Rima hypopharyngis) (*Phr*). Seitlich von ihr finden wir in gleicher Ebene die beiden Paralabra (*Pl*) und etwas höher die beiden Laciniae maxillares (*Lm*). Oberhalb der Pharynxöffnung liegt die Oberlippe (*Ol*) zwischen den Laden.

Schließlich finden wir noch auf der Unterseite des Capitulums das Deuterosternum (*D*). Sein Hinterrand liegt hinter dem der Unterlippe, sein vorderer Teil dorsal über ihr und wird somit bei ventraler Aufsicht von ihr verdeckt (s. Abb. 3).

Wie steht es nun mit der Homologie der einzelnen Mundgliedmaßen? Wir dürfen uns, wie gesagt, bei einer solchen Untersuchung nicht allein auf die Verhältnisse bei den Zecken beschränken, sondern müssen in unsere Betrachtungen jene der übrigen Arachnomorphen miteinbeziehen.

Auf Grund eines Vergleiches unter den Gruppen der *Trilobiten, Xiphosuren, Pedipalpen, Palpigraden, Ricinuleen, Pseudoscorpione, Solifugen, Opiliones* und *echten Spinnen* (vgl. die betreffenden Abschnitte im „Handbuch der Zoologie") gelangen wir zu folgendem Schluß:

a. Die Chelizeren (Mandibeln) kommen allen Arachnomorphen zu. Ihre Lage ist mehr oder weniger bei allen die gleiche: sie liegen stets über den Laden und haben je nach dem Zweck, den sie zu erfüllen haben, eine besondere Differenzierung erfahren.

b. Die bei allen Arachnomorphen stets außen gelegenen Palpen tragen als Innenast die Laden oder „Maxillen". Sie liegen stets seitlich der Mundöffnung. Auch sie zeigen verschiedene Ausprägungen. So sind sie bei den *Ixodoidea* an dem Aufbau des Rüssels beteiligt und bilden hier dessen Seitenteile.

c. Bei der Besprechung der Oberlippe müssen wir weiter ausholen. Die Begriffsverwirrungen in der Acaralogie machten genauere vergleichende Untersuchungen notwendig, und es galt zu prüfen, ob die bei den übrigen Spinnentieren vorhandene Oberlippe auch bei den *Acari*, und, was uns hier besonders interessiert, den *Parasitidae*, vorkommt und wo sie gelegen ist.

Bei den echten Spinnen ist zwischen den Basen der beiden Laden über die Mundöffnung eine Oberlippe ausgespannt (diese Tatsache habe ich selbst noch einmal mit dem mir vorliegenden Material vergleichen können).

Nun finden wir auch bei den *Parasitiformes* (vgl. D. S. Bertram 1939 — „Lingula" bei *Ornithodoros* — und J. Stanley 1939 — „Jugum" bei *Laelaps echidninus* —) ein ähnliches Gebilde zwischen dem dorsalen Basalteil der Laden über der Mundöffnung liegen: die Lingula (BERLESE), Zunge (WINKLER), Oberlippe, Labrum (BÖRNER) und Labrum (THON) und Epipharynx (VITZTHUM 1940, S. 47). Dieses Stück zeigt uns Abb. 3 (*Ol*) an der *gleichen* Stelle wieder.

Bei dem zusammenfassenden Überblick über die diesbezüglichen Verhältnisse bei den Spinnentieren (s. S. 625) kann gesagt werden: Die *Lage* des Epipharynx (usw.) bei den *Parasitiformes* ist die *gleiche* wie die der Oberlippe der übrigen Arachnomorphen. Bei letzteren hat sie die *Funktion*, die Mundöffnung gegebenenfalls von oben zu verschließen. Wie BERTRAM nachgewiesen hat, hat sie bei *Ornithodoros* die *gleiche Funktion*. Und dasselbe gilt auch für den vorliegenden Vertreter der *Parasitidae*. (Die Verhältnisse zwischen *Ornithodoros* und *P. kempersi* stimmen so genau überein, daß sich eine nochmalige Abbildung erübrigt und auf die Abb. 22 bei BERTRAM hingewiesen wird.)

Lage und Funktion sind damit also bei den meisten Spinnentieren *(Trilobiten, Xiphosuren, Pedipalpen, Palpigraden, Ricinuleen, Pseudoscorpionen, Solifugen, Opiliones* und *echten Spinnen)* dieselben. Daraus ergibt sich für unseren Fall, daß der Epipharynx der Oberlippe der übrigen Arachnomorphen homolog ist; es wäre das beste, alle anderen Bezeichnungen dieses Stückes bei den Milben fallen zu lassen und künftig der Klarheit wegen nur noch von Oberlippe oder Labrum sprechen zu wollen.

d. *Das Epistom.* Wenn wir uns die Verhältnisse bei den verschiedenen Ordnungen der *Arachnoidea* anschauen, finden wir bei den *Pedipalpen* (Abb. 43, 45, 55 u. 87 bei KÄSTNER), den *Pseudoscorpionen* (Abb. 203 u. 212 bei KÄSTNER) und den *Opiliones* (Abb. 366, 416 u. 424 bei KÄSTNER) einen ventralwärts umgebogenen Teil des Vorderrandes der oberen Rückendecke; wir treffen diesen Umschlag auch bei den *Ricinuleen,* wo er als Cucullus in Erscheinung tritt und beweglich ist (Abb. 132—134 u. 153—155 bei KÄSTNER). Dieser ventral gerichtete Umschlag liegt nun bei den genannten Gruppen *über* den Chelizeren! Dasselbe gilt aber auch für *alle Parasitiformes* (vgl. vor allem NEUMANN 1911, S. 135, Fig. 71, wo sich eine Abbildung von *Spelaeorhynchus praecursor* befindet! Wir sehen hier einen Umschlag, der sich aus Karapaxanteil + Epistom zusammensetzt [bei *Spelaeorhynchus* sind beide Teile noch verschieden strukturiert] und außerordentlich an jenen Cucullus erinnert!). Das Epistom der Milben liegt also ebenfalls über den Chelizeren und steht mit den Chelizerenscheiden in Verbindung (s. Abb. 5 *F*). Wenn nun P. SCHULZE (1938 II, S. 137 u. 138) nachgewiesen hat, daß bei den Milben „der eingeschlossene Karapaxanteil" „als Epistom über den Kragen hinaus nach vorne" vorspringt, so können wir für unseren Fall daraus folgern, daß das Epistom der Milben dem der anderen Arachnomorphen zukommenden vorderen Körperrand homolog ist und somit auch nicht zu den eigentlichen Mundgliedmaßen gerechnet werden kann.

P. Schulze schreibt (1938 II, S. 454) über das Epistom bei der Nymphe der *Ixodoidea:* „Überraschenderweise sind die Chelizerenschäfte, ebenso wie die Scheiden, zunächst nicht sichtbar, sie sind unter den Kragen eingeschlagen und nur die Haken der Chelizeren ragen hervor; dann stülpt sich zunächst das Epistom aus und schließlich auch die Chelizerenschäfte mit den Scheiden. Obwohl im ausgebildeten Zustand Epistom und Chelizerenscheiden eine Einheit bilden, sind sie bei der Entstehung durch eine scharfe Querlinie voneinander abgesetzt, die gelegentlich auch bei völlig erhärteten Tieren noch sichtbar ist."

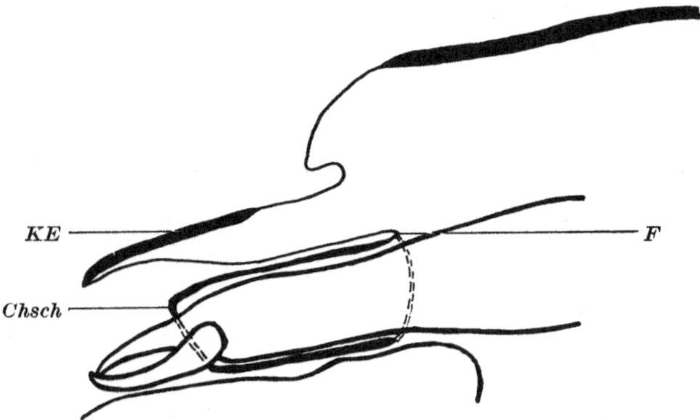

Abb. 5. Sagittalschnitt durch Karapaxanteil des Guathosomas, Epistom und Chelizerenscheide. *KE* Karapaxanteil des Gnathosomas und Epistom, *Chsch* Chelizerenscheide, *F* Verbindungsfalte zwischen Karapax und Scheiden. Vergr. 1 : 180.

Bei den *Parasitidae* ist die Ausbildung des Epistoms und der Chelizerenscheiden auf der Stufe der Ruhenymphe, wie sie bei den *Ixodoidea* vorkommt, stehen geblieben. Die Chelizerenscheiden sind nicht aussondern eingestülpt und zeigen in allen Stadien das gleiche Bild. Eine Querlinie, wie sie den *Ixodoidea* zwischen Epistom und Scheiden zukommen kann, fehlt hier also. In der Abb. 5 wäre sie ganz nach hinten verlagert zwischen ventraler Epistomwand und Ansatzstelle der Scheiden an dieselbe zu denken.

Zwischen Karapaxanteil und Epistom befindet sich eine Grenzlinie (s. Abb. 6 *Gl* u. 7 *Gl*) in verschieden deutlicher Ausprägung. Bei *P. coleoptratorum* ist sie scharf abgesetzt und reicht von dem einen Seitenrand zu dem andern, bei *P. kempersi* ist sie weit weniger deutlich erkennbar, zieht auch nicht mehr von Rand zu Rand, sondern ist außen weggelöscht durch seitliche Verschmelzung von Karapaxanteil und Epistom. Das trifft schon für die Deutonymphe zu, beim Adultus ist sie bisweilen kaum mehr erkennbar; anders hingegen verhält es sich mit *P. coleoptratorum*, wo sie auch beim Adultus noch stets sehr deutlich festzustellen ist.

e. *Die Unterlippe.* Sie kommt allen Arachnomorphen zu und zeigt bei den einzelnen Gruppen gewisse Differenzierungen. So bildet sie bei den *Ixodoidea* den Mittelteil des Rüssels. Da bei den übrigen Ordnungen und Unterordnungen keine weiteren Aufspaltungen vorkommen, so handelt es sich bei den Paralabra, die seitlich an der Unterlippe in gleicher Höhe liegen, um sekundäre Erscheinungen, wie bereits P. SCHULZE (1936, S. 17) erkannt hat.

f. *Die Laciniae maxillares.* Ähnliche Anhänge wie die Laciniae maxillares bei den *Parasitidae* (und allen *Gamasides*) gibt es bei anderen

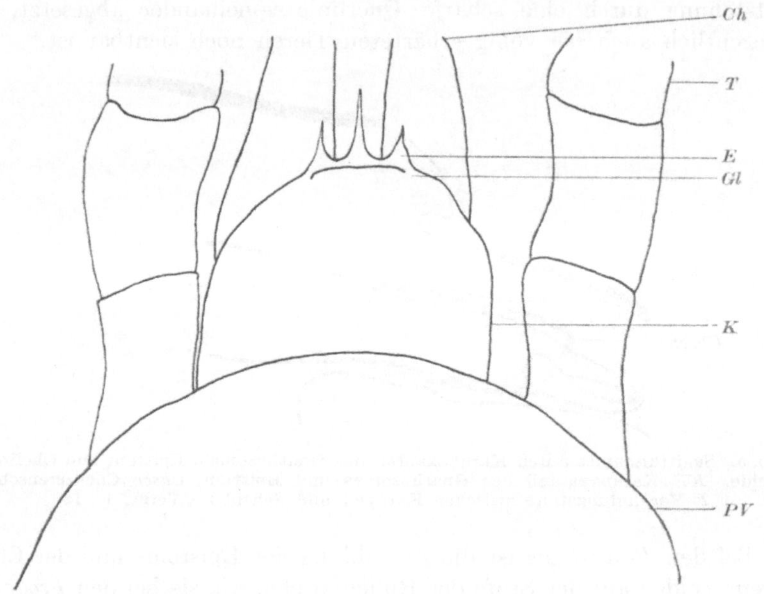

Abb. 6. *P. kempersi.* Gnathosoma in Aufsicht von oben. *PV* Propodosomavorderrand, *K* Karapax, *E* Epistom, *Gl* Grenzlinie, *T* Palpus, *Ch* Chelizeren. Vergr. 1 : 366.

Arachnomorphen nicht. Damit sind auch sie als sekundäre Aufspaltungen zu deuten.

g. *Das Deuterosternum.* Das Deuterosternum ist homolog dem von P. SCHULZE beschriebenen und als Deuterosternum der *Ixodiden* gedeuteten Gebilde. Die Feststellung, daß die in vielen Fällen gefundenen beiden Haare hier fehlen, ändert nichts an dem tatsächlichen Vorhandensein des Deuterosternums. P. SCHULZE weist (1935, S. 13) darauf hin, daß der vordere und mittlere Teil der ventralen Capitulumwand nicht den Coxen angehört. Er sagt: „Sie sind hier mit einem unpaaren Stück zusammengewachsen, das bei manchen Zecken und anderen Milben deutlich durch zwei Borsten gekennzeichnet ist." „Dieses Zwischenstück ist ... zweifellos das Deuterosternum, wie uns ein Vergleich mit den *Solifugen* lehrt." Lage und Form lassen darauf schließen, daß uns in diesem Dreiecksgebilde das dem Deuterosternum der Zecken entsprechende Stück vorliegt.

Wir wenden uns jetzt der Besprechung über Form und Lage der einzelnen Teile zu.

1. *Das Epistom* (*E*). Es liegt über den Chelizeren. Seine Basis befindet
sich vor dem als Karapax vorspringenden Vorderrand des Proterosomas. An seiner Spitze ragen drei Zinken von der Form eines gleich-

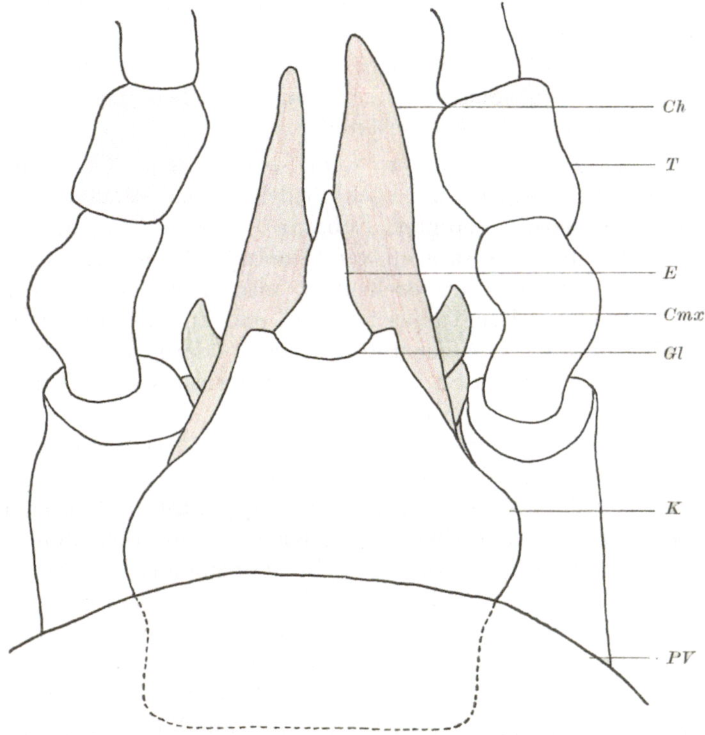

Abb. 7. *P. coleoptratorum* L. Gnathosoma in Aufsicht von oben. *PV* Propodosomavorderrand, *K* Karapaxanteil des Gnathosomas, *E* Epistom, *Gl* Grenzlinie, *T* Palpus, *Ch* Chelizeren,
Cmx Corniculi maxillares. Vergr. 1 : 180.

schenkeligen Dreiecks nach vorne, von denen die mittelste die seitlichen
um ein Geringes an Länge übertrifft.

2. *Der Karapaxanteil* (*K*). Er liegt ebenfalls über den Chelizeren.
Seine Basis ist unter den Vorderrand des Proterosomas gerückt und mit
diesem gelenkig verbunden. In dorsaler Aufsicht ist er breit oval.

3. *Die Chelizerenscheiden* (*Chsch*). Sie setzen unter der Basis des
Karapax an und reichen bis zum Vorderrand des Epistoms. Sie sind
röhrenförmig und äußerst zart.

4. *Die Chelizeren* (*Ch*). Die Chelizeren liegen über den Laden und
können bis unter das Epistom zurückgezogen werden. Sie erscheinen
oftmals verschieden lang, eine Erscheinung, die sich dadurch erklärt,

daß sie nicht immer beide zu gleicher Zeit gleich weit ausgestreckt bzw. eingezogen zu werden brauchen.

Sie sind dreigliedrig, bestehen aus einem Grundgliede und der daran ansetzenden Tibia „als Digitus fixus" (VITZTHUM 1931 S. 21 [3]) und an dem an ihrer Ventralseite beweglich eingelenkten Tarsus als „Digitus mobilis" (VITZTHUM ebendort). Die beiden Digiti tragen auf ihrer schmalen Innenfläche kleine Zähne.

Die Zahl der Chelizerenglieder ist also auf drei reduziert, und es lassen sich auch auf Schnitten keinerlei Anzeichen mehr für eine ursprüngliche Sechsgliedrigkeit feststellen.

5. *Die Taster und Laden* (Cx, $+ Tr$, $+ F$, $+ G$ u. $Mx + Cmx$). Die außen gelegenen Palpen sind sechsgliedrig (ohne Mitzählung der am Aufbau des Collare beteiligten Subcoxa). Die Coxen sind in ihrem unteren Teile zur Basis capituli verschmolzen, die übrigen Glieder frei beweglich. Sie haben ihre drehrunde, also noch ganz ursprüngliche Beinform behalten. Der Tarsus ist klein und knopfförmig, er ist nicht wie bei den meisten *Ixodiden* rudimentär, sondern verläuft in gleicher Weise wie die vorherigen Segmente. Er ist ebenso wie der Tarsus I auffallend stark mit Haaren besetzt.

Die Laden liegen seitlich der Mundöffnung. Sie bestehen aus zwei sich deutlich voneinander abhebenden Teilen, den eigentlichen Laden und den Corniculi maxillares. Beide sind abgeplattet, und ihr nach außen gekehrter Rand ist ventralwärts eingebogen. [Eine Scheidung in Mala interna und Mala externa konnte nicht vorgenommen werden (s. VITZTHUM 1931, S. 20 (3) u. 1940, S. 46). Der aus dickem Chitin bestehende „nach außen gekehrte Rand" dürfte der Mala externa entsprechen. Dort, wo eine Spaltung auftritt, ist sie sekundär, da sie nicht immer vorhanden ist und auch bei anderen Arachnomorphen nicht vorkommt.]

6. *Die Oberlippe* (*Ol*). Sie ist über der Mundöffnung zwischen den Basen der Laden ausgespannt. Sie hat etwa die Form eines gedrungenen Dolches. Ihre Breite an der Basis ist im Verhältnis zu ihrer Höhe verhältnismäßig groß.

7. *Die Unterlippe* (*Ul*). Sie bedeckt die Ventralseiten der Laden. Ihre Form ist die eines gleichschenkeligen Dreiecks. In ihrer Mitte verläuft eine schwache flache Rinne als Verlängerung der zwischen den Palpencoxen entlangziehenden Rima hypopharyngis, die etwa hinter dem basalen Drittel der verschmolzenen Coxen in Erscheinung tritt.

8. *Die Paralabra* (*Pl*). Sie liegen zu beiden Seiten der Unterlippe in derselben Ebene mit ihr und ziehen als schmale Lamellen zur Spitze der Unterlippe.

9. *Die Laciniae maxillares* (*Lm*). Sie sind äußerst schmal und ragen mit ihrem distalen Ende über die Spitzen der Unterlippe und den Paralabra hinaus.

10. *Die Setae (Maxillicoxalhaare)*. Auf der Ventralseite der verschmolzenen Palpencoxen stehen in der Nähe der Pharynxrinne jederseits ein und auf der Innenseite der ventralen Fläche der Laden jederseits drei Haare in einer bei wohl den meisten Mesostigmaten konstanten und daher typischen Lage zueinander (vgl. VITZTHUM 1931, S. 20 [3] u. 1940, S. 45).

11. *Das Deuterosternum (D)*. Die Form des Deuterosternums ist die eines gleichschenkligen Dreiecks mit etwas abgerundeten Ecken. Die Dreiecksbasis ist um das Doppelte länger als die Höhe. Die basale Hälfte liegt frei vor dem Unterlippenrand, die distale über der Unterlippenbasis, so daß diese sie, wie in Abb. 3 gezeichnet, bei ventraler Aufsicht verdeckt.

VI. Das Bindegewebe.

Besonders im vorderen Körperteil („Proterosoma" VITZTHUM 1929, S. VII, 1) im Karapaxanteil, zwischen Capitulum, Gehirn, Mitteldarm, Endosternit, Nephrozyten und männlicher Genitalanhangsdrüse bzw. Vagina (sowie deren Anlagen) und im hinteren Körperteil („Opisthosoma") zwischen Hypodermis und den Darmvertikeln, Hoden und Ovar (sowie deren Anlagen) befindet sich retikuläres Bindegewebe. Es stellt sich als ein Maschenwerk dar, an dessen Knotenpunkten Kerne liegen (s. Abb. 8 *BK*), „während das membranartig flache Zellplasma die Netzfäden bildet" (KÄSTNER 1937, S. 416 [2]).

Die Kerne färben sich intensiv dunkel, ebenso das sie zunächst umgebende Zellplasma, das erst allmählich bei weiterer Entfernung vom Kern heller wird. Besondere Strukturen sind in den Maschenfäden nicht zu erkennen, jedoch sind in sie kollagene Fasern eingelagert. In den plasmatischen Fäden finden sich nach Hämatoxylin-Eosin-Färbung bei verschiedener mikroskopischer Einstellung hell sich abhebende Stellen. Sie nehmen keine Farbstoffe an (vgl. KÄSTNER 1937, S. 416 [2]). Nach Färbung mit Säurefuchsin-Pikrinsäure treten sie als dunkelrosa gefärbte Fasern hervor.

Zusammenfassend kann gesagt werden, daß die vorliegende Milbe das gleiche retikuläre Bindegewebe besitzt, wie es die echten Spinnen aufweisen.

VII. Stigma, Peritrema und Tracheen.

A. Lage und Verlauf der einzelnen Teile.

An den Körperseiten liegt zwischen dem Hinterrande des vorderen dorsalen Rückenschildes und dem Vorderrande der Coxa IV je ein Stigma. Von ihm verläuft fast parallel zur Bauchwand jederseits ein Peritrema rostralwärts bis zum Vorderrande der Coxa I. An jedes Stigma setzt sich senkrecht zur Medianachse ein kurzes Tracheenrohr (s. Abb. 8 *HT*) an, das sich sehr bald in zwei starke Hauptäste gabelt. Der vordere Tracheenast verläuft in schräger Richtung auf das Gehirn zu und verästelt sich dann in sehr feine Tracheolen, die den ganzen vorderen Körperteil versorgen. Der hintere Ast zweigt sich in etwa einem rechten Winkel von dem kurzen Hauptstamm ab, biegt allmählich schräg auf die Medianachse um, zweigt sich auf und versorgt den hinteren Körperteil.

B. Der Bau der einzelnen Teile.

1. *Das Stigma*. Es erscheint bei senkrechter Aufsicht als ein kreisrundes Loch, das sich bei tieferer mikroskopischer Einstellung trichter-

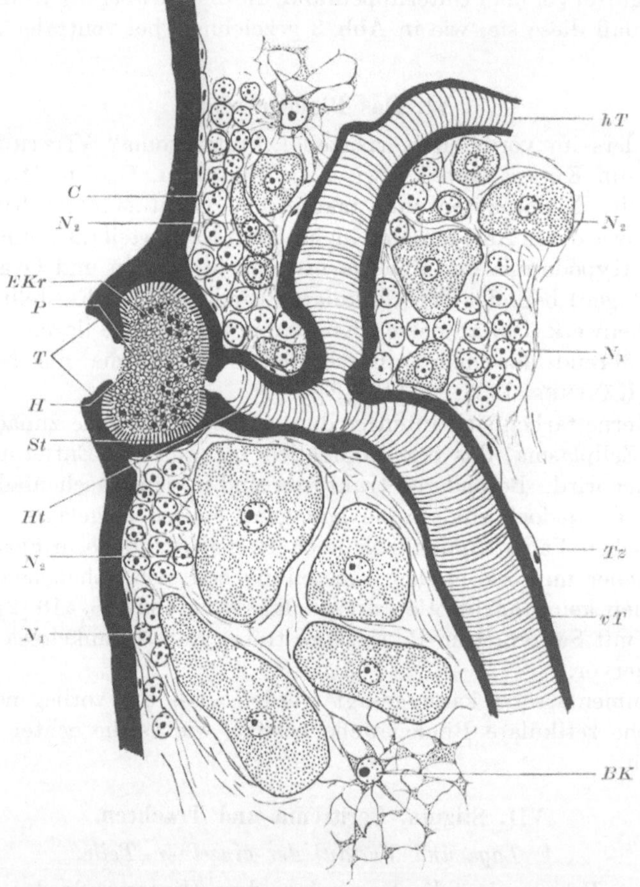

Abb. 8. Frontalschnitt durch die eine Seite eines Adultus. *T* Stigmatrichter, *H* Hohlraum, *St* Stäbchen, *P* Poren, *EKr* Exkretkristalle, *C* Cuticula, *HT* Tracheenhauptstamm, *hT* nach hinten, *vT* nach vorne verlaufender Tracheenast, *Tz* Tracheenzelle, *BK* Bindegewebe und Kern, N_1 junge, N_2 ältere Nephrozyten. Vergr. 1 : 800.

artig nach unten zu verjüngt. Ein besonders starker Chitinring umgibt die Öffnung. Unter diesem Trichter liegt ein Hohlraum von der Form eines oben und unten ein wenig zusammengedrückten Gummiballes. Auf

Frontalschnitten (s. Abb. 8 *T* u. *H*) ist zu erkennen, daß Trichter und vorderer Teil des Hohlraumes nach außen vorstehen; die Cuticula wölbt sich um das Stigma herum nach außen vor und bildet den etwas vorspringenden Ring um die Öffnung. Derselbe Chitinanteil der Cuticula, der jenen Ring bildet, umgibt auch nach innen zu den Hohlraum, so daß Trichter und Hohlraum fest mit der Cuticula verbunden sind. Eine besondere Muskulatur fehlt.

Über die gesamte Wandfläche des Hohlraums verteilt stehen senkrecht auf ihr feine Chitinstäbchen (s. Abb. 8 *St*; in Seitenansicht am Rande). Gleichzeitig sind bei Aufsicht in der Wand kleine runde Poren (s. die

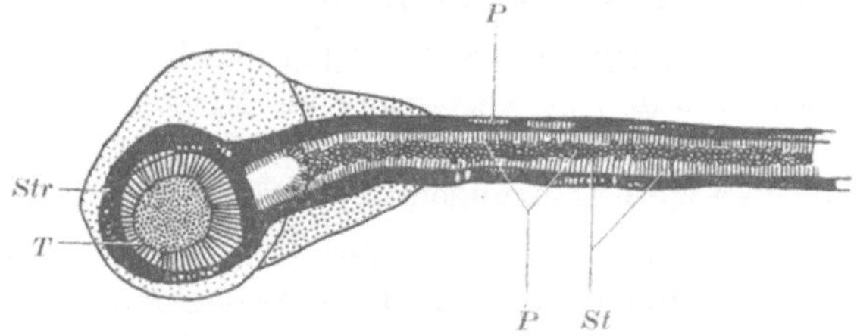

Abb. 9. Stigma und Peritrema in Aufsicht. *Str* Stigmaring, *T* Trichter, *St* Stäbchen, *P* Poren des Peritremas. Vergr. 1 : 800.

Abb. 8) zu erkennen, die den gleichen Durchmesser haben wie die Abstände zwischen den einzelnen Stäbchen. Außerdem sind am Totalpräparat bei Aufsicht (s. Abb. 9) diese Stäbchen und Poren wiederzufinden, die vielleicht feine Kanäle, die die Wand durchbrechen, darstellen könnten. (Das vorliegende Objekt war für ganz einwandfreie Untersuchungen zu klein, sodaß mit Sicherheit nicht mehr ausgesagt werden kann; jedoch schienen Untersuchungen an anderen, nicht bestimmten Arten die Ansicht, daß es sich um Porenkanäle handelt, zu bestätigen.)

Irgendwelche Drüsensinnesorgane, die im Vergleich mit den Zecken zunächst vermutet wurden, fehlen; jedoch konnte um das Stigma herum eine auffallend starke Anhäufung von jungen Nephrozyten (s. Abb. 8 N_1) beobachtet werden.

Auf einigen Schnitten konnten im Stigma lichtbrechende, sich nicht im Wasser lösende Sekretkristalle (s. Abb. 8 *EKr*) festgestellt werden. Auch hierüber kann zunächst, bis weitere Untersuchungen vorliegen, mit Bestimmtheit nichts Näheres ausgesagt werden. Immerhin dürfte es zweifelhaft sein, daß sie nur zufällig in das Stigma hineingeraten sind.

2. *Das Peritrema.* Das Peritrema wird von einer schmalen Rinne gebildet, die vom oberen Teile des Stigmas (Trichters) ihren Anfang nimmt, mit ihm im Zusammenhang steht und genau so wie dieses gebaut ist. Wiederum finden sich Stäbchen und Poren. Vergleiche mit dem Peritrema bei anderen, nicht bestimmten Arten, wo die Verhältnisse besser zu beobachten waren, bestärkten die Vermutung, daß es sich tatsächlich um Kanäle, die die Wand durchbrechen, handelt. Was aber bedeuten

die Kanäle, wenn Drüsensinnesorgane, wie sie den Zecken zukommen, oder ähnliche Bildungen fehlen? Sind sie bei dieser Art rudimentär? Weitere Untersuchungen und diese nur an größeren Objekten dürften in der Beantwortung dieser Frage zum Ziele führen.

3. *Die Tracheen*. Sie bestehen aus sehr zartem Chitin, sind röhrenförmig und werden innen von einem Spiralfaden ausgekleidet. An ihren Wänden liegen zerstreut nach außen linsenförmig vorgewölbte Tracheenzellen mit stark basophilem Plasma (Abb. 8 *Tz*).

VIII. Die Muskulatur.

Bezüglich der Muskulatur gelten bei allen Stadien mit Ausnahme einiger weniger, weiter unten zu besprechender Muskeln dieselben Verhältnisse. Den Beschreibungen von WINKLER, MICHAEL, STEDING und VITZTHUM sind nur geringe Ergänzungen bzw. Änderungen hinzuzufügen.

Am auffälligsten tritt auf Schnitten die Dorsoventralmuskulatur in Erscheinung, die teils unmittelbar von der dorsalen Körperdecke, teils von der Sehnenplatte, dem Endosterniten, ihren Ausgang nimmt.

A. Die Muskulatur des vorderen Körperabschnittes.

Unter dem dorsal verlaufenden Mitteldarmrohr befindet sich eine mittels Sehnen an der dorsalen Cuticula aufgehängte Sehnenplatte, der Endosternit, in der typischen von WINKLER (1888, Fig. 15), STEDING (1924, Textfig. 8) und VITZTHUM (1931, Fig. 36) abgebildeten Form. An sich schwer färbbar, läßt er sich durch Behandlung mit kaltem Säurefuchsin-Pikrinsäuregemisch schnell und gut in seinen Umrissen zur Anschauung bringen (nach PETRUNKEWITSCH-Fixierung). Er hat sich schon dann leuchtend rosa gefärbt, wenn die übrigen Körperteile überhaupt noch keine Farbe angenommen haben. In seiner oberen Wand besitzt er drei tiefe querliegende Eindellungen, in denen Kerne liegen (s. Abb. 10 *K*). Von seiner unteren Seite und der Vorderseite gehen die Beugemuskeln sämtlicher vier Beinpaare ab. Sie inserieren an ihm mittels Sehnen. Außer ihnen verlaufen bei den weiblichen Individuen von seinem kaudalen Teile zarte Muskelbündel auf die Vaginalanlage bzw. auf die Vagina zu. Sie setzen an ihrem Anfangspunkt ebenfalls mittels Sehnen an und enden auch mittels Sehnen an ihrem Wirkungspunkt.

Seitlich des Endosterniten ziehen die Streckmuskeln zu den Beinen. Sie setzen an der dorsalen Körperwand ebenfalls mittels Sehnen an.

Die Chelizerenmuskeln erreichen eine beträchtliche Stärke und Länge. Sie sind durch Sehnen an der Rückendecke befestigt und verlaufen zwischen den Beinmuskeln schräg rostralwärts nach unten in die Chelizeren.

Die Maxillenmuskeln inserieren an der Basis des Capitulums.

Dorsolateral verläuft jederseits des Körpers ein Muskelbündel zu dem vorspringenden beweglichen Karapaxanteil. Auch diese Muskeln setzen mittels Sehnen an der Körperdecke an.

Als neu kommen nun dem Propodosoma noch besondere bisher anscheinend nicht beschriebene Muskeln zu. Sie finden sich bei den Adulti beider Geschlechter, sowie in den Stadien, die eine Genitalanlage besitzen. Sie haben jedoch bei den einzelnen Geschlechtern eine verschiedene Funktion.

Bei beiden Geschlechtern inserieren sie hart an der Grenze zwischen Propodo- und Opisthosoma, und zwar neben den Subcoxen IV. Sie ziehen dann parallel zur ventralen Bauchwand nach vorne und verlaufen ein wenig schräg in Richtung auf die Medianachse.

Beim männlichen Adultus setzt jederseits ein starker Muskel mit langen Sehnen, die etwa ein Drittel der Länge des Unterschlundganglions erreichen und seitlich an ihm entlanglaufen, an dem Verschlußmechanismus der Geschlechtsöffnung als ihrem Wirkungspunkt an. Beim weiblichen Adultus haben sie die hintere Sperrvorrichtung im Verbindungsrohr zu versorgen. Sie sind wahrscheinlich bei beiden Geschlechtern homolog.

B. Die Muskulatur des hinteren Körperabschnittes.

Von der hinteren Rückendecke ziehen drei Paar Muskelbündel dorsoventralwärts. Das erste Paar, bestehend aus je drei Muskeln, geht vom vorderen Rande des Rückenschildes senkrecht zur ventralen Bauchwand und inseriert an ihr gleich hinter der Subcosa IV. Es sind dies die einzigen Muskeln dieses Körperteils, deren Ansatzpunkte auf Totalpräparaten in dorsaler und ventraler Aufsicht zu erkennen sind. Ein weiteres Muskelpaar zieht etwa in der Mitte des Opisthosomas ebenfalls dorsoventral. Beide Paare setzen an ihren Anfangspunkten mittels Sehnen an und enden auch mittels Sehnen an ihren Wirkungspunkten. Sie dürften nicht allein zur Unterstützung der Exkretionsschläuche dienen, d. h. Kontraktionsbewegungen auslösen, wie WINKLER annimmt, sondern in erster Linie den Darmbewegungen und wohl auch der Fortbewegung der Prospermien in den Vasa deferentia (es ist leicht denkbar, daß die Muskeltätigkeit in dorsoventraler Richtung eine Fortbewegung der Prospermienballen in dem Anfangsteil der Vasa deferentia unterhalb des Hodens bewirkt, zumal dieser Abschnitt denselben Verlauf zeigt).

Dem Exkretionsporus kommen besondere Muskel zu, die im kaudalen Teil des Opisthosomas liegen. An den Seiten ziehen von der dorsalen Körperdecke lange, starke und von der ventralen Wand kurze, dünne Muskeln zum Exkretionsporus. Diese Muskeln beginnen ohne Sehnen und hören ohne Sehnen auf (s. Abb. 19 *vM*, *dM*).

Als neu für die *Parasitidae* kommt im Opisthosoma ein Muskelring hinzu, der sich um den Teil des Verbindungsrohres (s. Genitalapparat!) legt, in dem sich die Ventilklappe (s. ebendort!) befindet.

Über den Bau der Muskeln bedarf es nur einer kurzen Bemerkung. Sie sind einfach quergestreift und lassen zum Teil aber in viel schwächerer Weise wie bei den Zecken das Bild einer doppelten Schrägstreifung erkennen, bei der es sich nach KRÜGER (1935, S. 293) um eine verzogene Querstreifung handelt (s. Abb. 10). Sie werden außen von einer unfärbbaren Membran, dem Sarkolemm, umgeben.

Vergleiche zwischen der Muskulatur der Zecken und der *Parasitidae* zeigen in bezug auf ihren Bau und ihre Insertionsmodi eine völlige Übereinstimmung.

Daß auch zu anderen Spinnentieren gewisse Parallelen bestehen, geht daraus hervor, daß z. B. die *Pseudoscorpiones*, *Opiliones* und *Araneae vereae* ebenfalls einen Endosterniten aufweisen, ferner daß z. B. die *Pseudoscorpiones*, *Solifugae*, *Opiliones* und *Araneae verae* eine von den Tergiten zu den Sterniten verlaufende Dorsoventralmuskulatur haben, die zum Teil genau wie bei unserer *Parasitus*art zwischen den Darmsäcken entlangzieht. Auch ihre Muskulatur ist quergestreift.

IX. Das Nervensystem.

Das Gehirn, bestehend aus verschmolzenem Ober- und Unterschlundganglion, liegt auf der Bauchseite des vorderen Körperteils und erstreckt sich von dem Vorderrand des Propodosomas bis etwa in die Verbindungslinie, die die Mitten der Subcoxen III verbindend zu denken ist. Seine Seiten berühren die Körperflanken bzw. reichen bis an die Subcoxen heran.

Die erwähnte kaudale Ausdehnung erstreckt sich in *allen* Stadien gleich weit nach hinten (vgl. dagegen VITZTHUM 1931, S. 30 [3] u. 1940, S. 203), d. h. also auch bei den Larven!

Das Gehirn hat annähernd die Form, wie sie WINKLER (1888, Abb. 15) und MICHAEL abbilden. Das Unterschlundganglion reicht allerdings um die doppelte Länge der Basis — wenn man so sagen kann — des Oberschlundganglions nach hinten und bildet so mit seiner senkrecht abfallenden hinteren Wand ein Rechteck, dessen dorsale und ventrale Wand parallel zueinander stehen. Dadurch ist das Unterschlundganglion deutlich erkennbar vom Oberschlundganglion abgesetzt. Die hintere Wand des letzteren fällt in Richtung auf die obere Wand des Unterschlundganglions derartig ab, daß zwischen ihren freien Seiten ein Winkel von etwa 130° entsteht.

Die Form des Gehirns ist bei allen Stadien die gleiche. Die dem Adultus fehlende Verschmelzungsrinne zwischen Ober- und Unterschlundganglion ist bei dem Larven- und den beiden Nymphenstadien an den Seiten noch deutlich erkennbar.

Um die zentrale Fasermasse liegt ventral eine 1—2fache, an den übrigen Stellen eine mehrfache Schicht von Ganglienzellen. Eine zarte sich nicht färbende Membran, das Neurilemm, umhüllt das Gehirn und setzt sich auf die Nervenstränge fort (s. Abb. 16 *Na* u. 22 *Na*). Zarte Tracheenäste umspinnen das Gehirn.

Der Verlauf der Nerven ist auch auf guten Schnitten fast nie bis zum Ende verfolgbar. Diese Beobachtung machte schon U. SCHMIDT (1936, S. 112) bei seinen Untersuchungen über die Hydracarinen. Sie werden nämlich bald nach ihrem Austritt aus dem Gehirn äußerst zart und reißen beim Schneiden dann ab. Nur ganz bestimmte Nerven haben sich regelmäßig bis zu ihrem Ende verfolgen lassen.

Ihre Zahl ist für die einzelnen Stadien verschieden.

Mit Sicherheit konnten bei den adulten Männchen 21 Nervenstränge festgestellt werden. Davon gehen vom Unterschlundganglion aus:

1. seitlich je vier starke Nerven zu den vier Beinpaaren,

2. vom oberen Teile des Hinterrandes seitlich je einer in Richtung auf die Dorsoventralmuskulatur,

3. dazwischen ein Paar zu den Vasa deferentia,

4. von der unteren Seite des Hinterrandes ein Paar zu den Muskeln des Verschlußmechanismusses an der Genitalöffnung.

Unter deutlich erkennbarer Beteiligung der Fasermassen von Unter- und Oberschlundganglion (s. Abb. 22) gehen vom Gehirn in der Verschmelzungsgegend folgende Nerven ab:

1. vom Vorderrande über dem Oesophagus ein medianer unpaarer zur Oberlippe,

2. seitlich davon ein Paar zu den Palpen mit einer Abzweigung zu den Laden,

3. von der Mitte des Vorderrandes des Oberschlundganglions seitlich ein Paar zu den Chelizeren.

Vom Oberschlundganglion geht ein Nervenpaar ab, das zwischen der Dorsoventralmuskulatur und dem Mitteldarm eng anliegend nach hinten zieht.

Auch den adulten Weibchen kommt die gleiche Anzahl Nerven zu. Das Nervenpaar, das bei den männlichen Adulti zu den Vasa deferentia und zu der Anhangsdrüse zieht, verläuft hier zunächst in Richtung auf die Vagina und legt sich in seinem weiteren Verlaufe eng an diese an, ist dann aber nicht weiter zu verfolgen. Das bei den Männchen zu den Muskeln des Verschlußmechanismus ziehende und mit ihnen identische Paar ist zwar vorhanden, ließ sich aber gleich nach seinem Austritt aus dem Unterschlundganglion nicht weiter verfolgen.

Den männlichen und weiblichen Proto- und Deutonypmhen scheinen die Genitalnerven zu fehlen.

Hier sind noch sehr viele Fragen zu klären, wenn meine Befunde auch im allgemeinen mit denen von VITZTHUM (1940, S. 203 u. 204) übereinstimmen. Es ist anzunehmen, daß Untersuchungen an größeren Objekten diese Verhältnisse völlig werden klären können.

Da es den Anschein hatte, daß das Volumen des männlichen Gehirns größer sei als das des weiblichen, wurden entsprechende Messungen vorgenommen.

Die Messungen der Höhe von Unter- und Oberschlundganglion wurden an der Durchtrittsstelle des Oesophagus vorgenommen. Die Gehirnlängen wurden seitlich davon gemessen, und zwar kam hier nur die Länge des Unterschlundganglions in Betracht, d. h. die Stellen, wo der Oesophagus dem Unterschlundganglion aufliegt. Die Messung der Breite des Unterschlundganglions erfolgte ebenso wie die Länge. Die Resultate gerade für die Breite sind besonders genau, da die Gehirnseiten ziemlich parallel zueinander verlaufen.

Der Durchschnittswert für die Höhen von Unter- und Oberschlundganglion betrug bei den untersuchten männlichen Adulti 140,94 μ, bei den weiblichen Adulti 126,5 μ. Die Durchschnittslänge des Idiosoma (d. i. Körperlänge ohne Gnathosoma) ist bei den einzelnen Männchen sehr konstant und beträgt durchschnittlich 850 μ. Die Idiosomalänge der Weibchen schwankt um etwa 100 μ und beträgt im Durchschnittswert 1071,9 μ.

Vergleicht man nun die Gehirnhöhe mit der Körperlänge, so kommt man bei den männlichen Adulti auf das Verhältnis 1 : 6,003 und bei den weiblichen Adulti auf das Verhältnis 1 : 8,004, d. h. die Körperlänge des Männchens ist nur sechsmal größer als die Gehirnhöhe, die Körperlänge des Weibchens hingegen achtmal größer als die Gehirnhöhe.

Der Vollständigkeit halber wurden auch die Gehirnlängen und -breiten ausgerechnet. Der Durchschnittswert für die Gehirnlänge beläuft sich beim Männchen auf 253,8 μ und beim Weibchen auf 192,5 μ. Der Durchschnitt der Gehirnbreiten wurde beim Männchen mit 213,5 μ und beim Weibchen mit 154,7 μ gemessen.

Der Flächendurchschnittswert des Unterschlundganglions in Höhe des Oesophagus beträgt beim Männchen 2,71 mm² und beim Weibchen 1,48 mm².

Es wurde außerdem noch untersucht, ob bei den einzelnen Stadien wie auch zwischen den beiden Geschlechtern eine verschiedene Anzahl von Ganglienzellen auf eine bestimmte Fläche kommt. Die angestellten Messungen zeitigten aber kein einwandfrei unterschiedliches Ergebnis.

X. Der Darm.

Der Darm teilt sich in Pharynx, Oesophagus, Mitteldarm und Enddarm.

A. Lage und Verlauf.

Der Pharynx liegt über der Unterlippe und zieht sich schräg kaudalwärts nach oben.

An ihn schließt sich der Oesophagus an. Vor seinem Durchtritt zwischen Ober- und Unterschlundganglion steigt er schräg kaudalwärts nach oben und biegt bei seinem Eintritt in das Gehirn etwas nach unten ab, so daß er parallel zum ventralen Rande des Ober- und zum dorsalen Rande des Unterschlundganglions das Gehirn durchzieht. Nach seinem Austritt biegt er schräg dorsal um und mündet über dem Vorderrande des

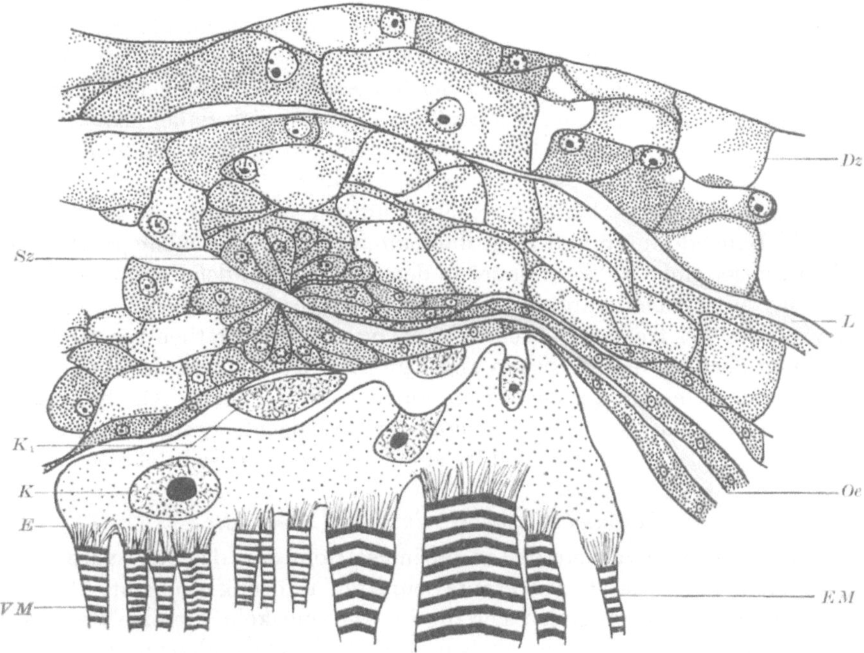

Abb. 10. Sagittalschnitt durch Darm und Endosterniten einer weiblichen Deutonymphe. *Dz* Darmzellen, *Sz* Sekretzellen, *L* Lumen, *Oe* Oesophagus, *E* Endosternit, *K* Kerne, *K*₁ zur Sehnenplatte gehörige, aber losgelöste Kerne, *EM* Extremitätenmuskulatur, *VM* Muskulatur der Vaginalanlage. Vergr. 1 : 800.

Endosterniten an der Stelle, der später zu besprechenden Sekretzellen in den Mitteldarm ein (s. Abb. 10 *Sz*).

Die Form des Mitteldarmes, sein Verlauf und die Zahl seiner Aussackungen stimmen mit Ausnahme der weiblichen Adulti mit den Beschreibungen und Abbildungen der älteren Autoren (KRAMER und WINKLER) überein.

Er liegt über dem Endosterniten und unterhalb der dorsalen Körperdecke. In seinem Verlauf biegt er hinter dem Hinterrande des Endosterniten etwas schräg ventral ab und geht im Opisthosoma in den Enddarm über.

Der vordere, dem Gehirnhinterrande anliegende und sich seiner Form anpassende Teil des Mitteldarmhauptrohres hat die Gestalt einer Kugel.

Da dieser Teil rostral vor der Einmündung des Oesophagus liegt, kann er als medianer unpaarer Blindsack angesprochen werden.

Von dem über dem Endosterniten verlaufenden Mitteldarmabschnitt gehen drei Paar Blindsäcke aus, davon ein Paar nach vorne in das Propodo- und zwei nach hinten in das Opisthosoma.

Das vordere Paar verläuft annähernd dorsal, jedoch unterhalb der dorsalen Speicheldrüsen und biegt dann an seiner vorderen Spitze etwas ventral ab. Von den beiden hinteren Paaren liegt eines dorsal direkt unter dem Rücken, das andere ventral darunter über der Bauchwand. Diese beiden letzten Blindsäcke biegen meistenteils bei den weiblichen Stadien nach oben um, der Füllungszustand des Darmes spielt dabei keine Rolle.

Den weiblichen Adulti kommt *meist* noch ein weiteres kleineres Paar hinzu, das zwischen diesen beiden Paaren liegt.

Der Enddarm verläuft in seinem vorderen Abschnitt schräg ventral auf die Bauchdecke zu und biegt dann um. so daß er schließlich parallel zu ihr zu liegen kommt. Er mündet in den unteren Teil der Rectalblase.

Das Mitteldarmhauptrohr und der Enddarm liegen in der mittleren Längsachse des Körpers. Auch wenn sie primär, d. h. zeitlich vor der Entstehung der Geschlechtsorgane angelegt sind, so ist zumindest der Enddarm und zu einem geringen Teile auch schon der letzte Abschnitt des Mitteldarmes infolge der Ausdehnung der Geschlechtsorgane in den weiblichen Nymphen und den Adulti ein wenig beiseite gedrückt.

B. Bau und Form der einzelnen Abschnitte.

Der Pharynx stellt ein dickes chitiniges Rohr dar, das nach vorne hin verbreitert ist, so daß es auf Frontalschnitten Y-förmig erscheint. Radiär um ihn angeordnet befinden sich die Pharynxmuskeln, die eine Verengerung bzw. Erweiterung ermöglichen. Somit dient der Pharynx als Saugmagen.

Der Oesophagus besteht aus einem dünnen runden, einschichtigen Plasmaschlauch, in dem scheibenförmige Kerne mit einem kleinen acidophilen Nucleolus und einigen peripher liegenden Chromatinkörnchen eingelagert sind. Zellgrenzen lassen sich nicht erkennen, wie schon WINKLER (1888, S. 23) festgestellt hat, wohl aber feine Längsstrukturen im Plasma.

Der Mitteldarm besitzt ein einschichtiges Epithel. Die Basis der Zellen steht senkrecht auf einer das Darmrohr umziehenden unfärbbaren Membran. Diese ist mit einem Netz feiner Muskelfasern umspannt. Sie scheinen der glatten Muskulatur anzugehören, da auch eine Färbung mit Eisenhämatoxylin keine Querstreifung erkennen ließ.

Im Mitteldarm befinden sich drei verschiedene Zellgruppen.

1. *Die Sekretzellen.* Schon E. STEDING bildet in ihren Untersuchungen über *Halarachne otariae* an der Mündungsstelle des Oesophagus eine Zellgruppe ab (1924, S. 458 u. Textfig. 18), die auch bei der vorliegenden Art an der gleichen Stelle zu finden ist. Die Bedeutung dieser Zellen hat

erst ROESLER (1935, S. 300) bei *Ixodes* beschrieben und sie als Sekretzellen, die nur an der erwähnten Stelle liegen, bezeichnet.

Konnten sie nach ROESLER nur mit HELLEY-Fixierung und KARDOS-PAPPENHEIM-Färbung nachgewiesen werden, so genügte in diesem Falle die einfache Alkohol-Fixierung und die Färbung mit Eisenhämatoxylin unter Nachfärbung mit in 95%igem Alkohol gelöstem Eosin. Sie treten dann als besonders intensiv rot gefärbte Zellgruppe in Erscheinung. Das Plasma enthält wie bei *Ixodes* zahlreiche kleine Vacuolen und zeigt eine deutliche Granulation.

Die Zellen stehen um die Oesophagusmündung angeordnet und bilden hier den ventralen Teil des Epithels. Sie sind klein und haben eine keulige Gestalt. Das verdickte Ende ist von der Oesophagusmündung abgewandt. Ihr Kern, der etwa zentral liegt, besitzt einen kleinen acidophilen Nucleolus und zahlreiche Chromatinkörnchen.

Wenn sich die übrigen Darmzellen durch Aufnahme des Nahrungsbreies vergrößern, ändert sich auch die Form dieser Zellen. Beim gefüllten Epithel der Deutonymphen (s. Abb. 10 *Dz*) scheinen sie in der Seitenansicht rosettenförmig um die Oesophagusmündung angeordnet. Im erschlafften Epithel zeigt die Zellgruppe diese Rosettenform nicht. Im übrigen hat es den Anschein, daß die Funktion der Zellgruppe bei der Deutonymphe bedeutender ist als beim Adultus, wo sie nie in solcher Zahl und Größe vorhanden sind.

2. *Die eigentlichen Darmzellen.* Die Mehrzahl der Mitteldarmzellen wird von ihnen gebildet. Sie haben eine unregelmäßige Gestalt und sind mehr oder weniger zylindrisch. „Sie bestehen aus zartem Plasma" (ROESLER 1935, S. 300) und haben in ihrer Mitte einen mäßig großen Kern. Hierin liegt ein verhältnismäßig großer acidophiler Nucleolus und peripher angeordnete Chromatinkörner. Die Zellen stimmen in ihrem Bau somit mit denen von *Ixodes* überein.

Auf eine Beobachtung soll noch hingewiesen werden. VITZTHUM schreibt (1931, S. 34 [3]), die Zellen gingen an der Basis ohne erkennbare Grenzen ineinander über. Nach Osmierung jedoch konnte festgestellt werden, daß sich die Zellgrenzen auch an ihrer Basis stark dunkel färben und sich mit diesen dunklen Umrandungen gegeneinander abheben.

3. *Die degenerierenden Zellen.* Sie finden sich im ganzen Mitteldarm zwischen den eigentlichen Darmzellen und überragen diese an Größe. Die Zellen sind keulenförmig und besitzen einen im basalen Zellteil gelegenen chromatinreichen Kern, in dem ein größerer acidophiler Nucleolus liegt. In ihrem apikalen Teile können sich noch Vacuolen zwischen Plasmafäden befinden. Auch diese Zellen stimmen mit jenen von *Ixodes* überein.

Das Aussehen und Verhalten der Darmzellen in der Deutonymphe könnte fast Veranlassung geben anzunehmen, daß das Epithel mehrschichtig sei. Querschnitte hingegen beweisen das Gegenteil. Die Zellen bieten sich im Anschnitt als ein Maschenwerk dar, das das Lumen zum Teil völlig verdeckte (s. Abb. 10). Dieses Maschenwerk kommt so zustande, daß die senkrecht auf der Tunica des Darmrohres stehenden Epithelzellen auf Sagittalschnitten angeschnitten sind, und da die Zellen nach der Verdauung reichlich plasmaarm sind und außer ihren Grenzen nur noch einige Plasmafäden erkennen lassen, die so geordnet sind, daß sie noch deutlich die voraufgegangene Vacuolenbildung wiedergeben, vervollständigt sich das Bild eines Maschenwerkes. An den Zellen ist immer noch der degenerierte Kern zu erkennen.

Der Enddarm wird innen von einer feinen Chitinmembran umgeben, die sich nach Behandlung mit Eisenhämatoxylin-Eosin intensiv schwarz färbt. Die Enddarmzellen sind groß und wulstig und stark plasmahaltig. Zellgrenzen lassen sich nur schwer erkennen. In dem Plasmakörper sind keine Differenzierungen zu beobachten. Zentral liegt der Kern mit seinem acidophilen Nucleolus und den peripher angeordneten Chromatinkörnern.

Der Enddarm mündet in die Rectalblase. Nie steht er in offener Verbindung mit ihr. Seine vor ihr liegenden Zellen sind besonders umfangreich und versperren das Lumen. Nur in einem Falle konnte ein schmaler zarter Gang, doch kein eigentliches Lumen, bei einem männlichen Adultus festgestellt werden. Es ist anzunehmen, daß diese letzten Zellen als Verschlußzellen fungieren, die nötigenfalls den Austritt der abgestoßenen Darmzellteile in die Rectalblase gestatten. Daß diese Annahme zutrifft, bestätigen die Funde von solchen Teilen in der Rectalblase. Sie sind genau so groß wie die im Mitteldarm liegenden.

C. Die Nahrungsaufnahme und Verdauung.

Der leere Darm zeigt äußerlich verhältnismäßig tiefreichende Einfaltungen. Im Laufe der Nahrungsaufnahme beginnt er sich allmählich von vorne nach hinten zu straffen, und die Falten sind verschwunden, wenn sich das Lumen ganz mit Nahrungsbrei gefüllt hat.

Die in den Darm geflossene Nahrung besteht aus einem sich mit Hämatoxylin graublau anfärbenden plasmatischen Brei, der mit unzählig vielen kleinen Vacuolen durchsetzt ist, zwischen denen hin und wieder große Vacuolen eingelagert sein können. Er befindet sich immer in der Mitte des Lumens genau so wie das Blut im Darm von *Ixodes*.

Mit der Füllung des Darmlumens beginnt die Tätigkeit der Darmzellen. Sie fangen an, sich stellenweise unter Größenzunahme des Kernes um das Mehrfache ihrer Höhe zu vergrößern, wenn sie Nahrungsbrei aufnehmen. Allmählich wird der apikale Zellteil heller, und es treten hier die ersten Nahrungskugeln auf. Sie färben sich anfangs bläulich, später gelblich. Nach Osmierung sind sie intensiv dunkel gefärbt, was auf Fettgehalt schließen läßt. Ihr Abbau erfolgt in der Zelle. Im apikalen

Teil finden wir außer ihnen Exkrete, die als kleine, lichtbrechende Körnchen in Erscheinung treten. Im Laufe der Tätigkeit degenerieren die Kerne unter den gleichen Erscheinungsbildern, wie sie ROESLER zeigt (1935, S. 300, Abb. 2), und die Zelle löst sich auf. Solche degenerierten Zellteile finden sich dann im Lumen und später im Enddarm und der Rectalblase.

Im allgemeinen kann gesagt werden, daß in keiner Hinsicht irgendwelche erkennbaren Unterschiede zwischen *Ixodes* und der vorliegenden Parasitusart vorhanden sind. (Daher sind die Verhältnisse hier auch nur kurz beschrieben, und es wird auf die eingehende Arbeit von ROESLER hingewiesen.)

XI. Die Chelizerendrüse.

Es ist mir gelungen, bei dem vorliegenden Objekt in der Chelizerenbasis eine Drüse nachzuweisen, die der Giftdrüse der Spinnen und der

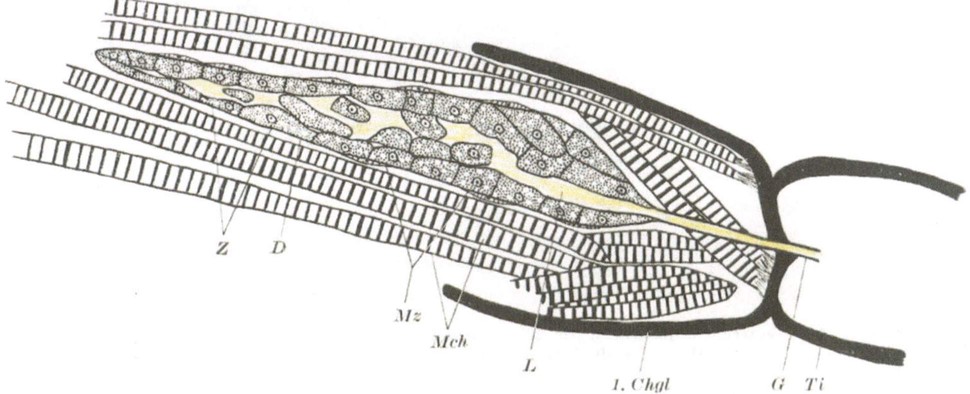

Abb. 11. Sagittalschnitt durch den Chelizerenschaft einer Deutonymphe. *D* Chelizerendrüse, *Z* Zellen, zum Teil angeschnitten, *L* Lumen, *G* Ausführungsgang, *Mz* Zellen der Ringmuskulatur, *Mch* Chelizerenmuskeln, *1. Chgl* 1. Chelizerenglied, *Ti* Tibia. Vergr. 1 : 800.

Spinndrüse der Pseudoscorpione homolog sein dürfte. Über diese Art hinaus kommt sie wohl sicher allen *Mesostigmata* zu, bildet sie doch schon WINKLER (1888, Fig. 15) in Verkennung ihrer Bedeutung in seiner „Anatomie der Gamasiden" ab. Doch VITZTHUM ist schon auf Grund der mangelhaften Angaben, die von den älteren Autoren gemacht sind, der Ansicht (1940, S. 315), daß es sich eventuell um eine Chelizerendrüse handeln könnte, die der von *Holothyrus* homolog sein könnte.

Die Drüse hat die gleiche Lage und den gleichen Bau wie die Giftdrüsen der Spinnen (vgl. MILLOT 1929, 1931 u. 1935) und die Spinndrüsen der Pseudoscorpione. Bei den Spinnen liegt sie im Cephalothorax und ist in den meisten Fällen einfach, gelegentlich nur verzweigt tubulös, wie z. B. bei *Filistata insidiatrix* und *Pholcus phalangoideus*.

Bei den Pseudoscorpionen ist sie teils in den Chelizerenschaft, teils im Cephalothorax gelegen (KÄSTNER 1932, S. 157 [2]). Der Drüsenkörper wird von einer starken Ringmuskulatur umgeben, die das Auspressen des Sekretes bewirkt. In *allen* Fällen findet sich die Mündung des Ausführungsganges unterhalb der Chelizerenspitze.

Die Chelizerendrüse von *P. kempersi* befindet sich als einfach tubulöse Drüse zum größten Teile in dem ersten Chelizerengliede (s. Abb. 11), und nur ihr hinteres Ende ragt ein wenig kaudalwärts darüber hinaus. Sie

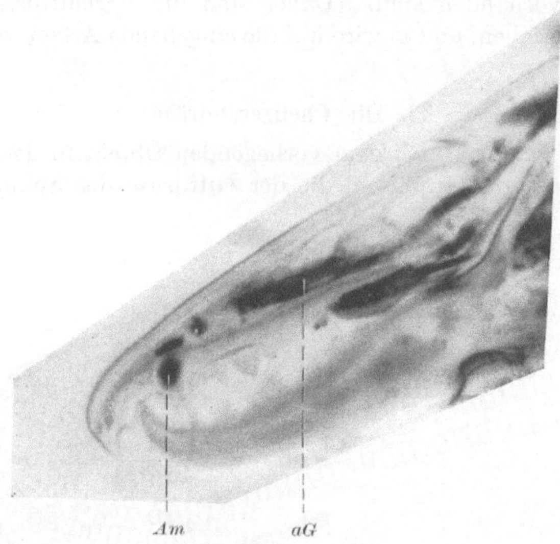

Abb. 12. Sagittalschnitt durch die Tibia der Chelizere. *aG* angeschnittener Gang, *Am* Mündung des Ausführungsganges. Vergr. 1 : 900.

liegt zwischen den von hinten nach vorne ziehenden Chelizerenmuskeln. Wie bei den Spinnen umgibt auch hier eine Ringmuskulatur den Drüsenkörper, die allerdings viel feiner ist als bei den Spinnen. Die Muskelfasern sind quergestreift. Relativ große Zellen bilden das Drüsenepithel und lassen nur selten ein schmales Lumen erkennen (s. Abb. 11, wo mehrere Zellen angeschnitten sind). Das Plasma ist stark granuliert (Eisenhämatoxylin-Eosin) und mit zahlreichen kleinen Vacuolen durchsetzt, die erst ziemlich am Schluß ihrer Sekretionstätigkeit an Größe etwas zunehmen. Die Kerne sind rund und enthalten einen acidophilen Nucleolus und mehrere Chromatinkörner.

Der chitinige Ausführungsgang ist sehr lang und reicht in seinem fast geraden Verlauf von dem vorderen Drittel des ersten Gliedes bis in das basale Drittel der Tibia. Hier liegt an dem bezahnten Innenrand die Mündung (Abb. 12 u. 13).

Ungefärbte Totalpräparate lassen schon sehr leicht den Gang mit seiner Mündung erkennen.

BERLESE hat in seiner Gamasidenmonographie mehrmals Abbildungen der Chitinstrukturen an den Chelizeren gebracht, bei denen es sich meines Erachtens nur um Ausführungsgänge dieser Drüsen handeln kann; denn diese Strukturen zeigen den gleichen Verlauf wie der aufgefundene Ausführungsgang. Es wäre dringend nötig, einmal diese Verhältnisse an Hand eines umfangreichen Materials zu durchprüfen.

P. SCHULZE spricht die Vermutung aus, daß das GÉNÉsche Organ der Zecken den Giftdrüsen der Spinnen und den Spinndrüsen der Pseudoscorpione homolog sein könnte. Auf Grund seiner Untersuchungen gelangt er zu dem Schluß, daß sehr viel für diese Wahrscheinlichkeit

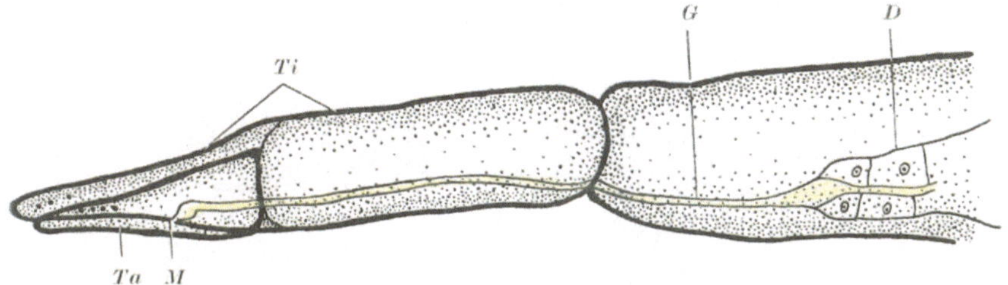

Abb. 13. Totalansicht einer Chelizere. *D* Drüse, *G* Gang, *Ti* Tibia, *Ta* Tarsus, *M* Mündung des Ganges. Vergr. 1 : 366.

spricht (1938 II, S. 145—148). Diese Ansicht gewinnt nun dadurch an Wahrscheinlichkeit, daß das Gebilde, welches den Ausgangspunkt für das GÉNÉsche Organ bilden soll, für nahe Verwandte der Zecken, die *Mesostigmata*, nachgewiesen werden konnte.

XII. Die dorsalen Speicheldrüsen.

WINKLER hat (1888, Fig. 15) im dorsalen Teil des Propodosomas Zellen abgebildet, die ihrer Form, Größe und Lage nach sehr wahrscheinlich Speicheldrüsenzellen darstellen können, die den bei *P. kemperi* gefundenen entsprechen dürften. Anscheinend hat er die Bedeutung dieser Zellen verkannt, da er sie nicht besonders erwähnt. Auf jeden Fall aber trifft die Ansicht von E. STEDING (1924, S. 463) nicht zu, daß das Organ, das im Zusammenhang mit dem Verdauungssystem steht und von ihr als „Dorsaldrüse" bezeichnet wird, eine „Besonderheit von *Halarachne*" zu sein scheint. Ähnliche Drüsenzellen, wie die genannte Autorin sie beschreibt (1924, S. 461—463 u. Tafel III, Abb. 16), kommen auch *P. kempersi* zu. Sie haben den gleichen Bau wie die von ihr beschriebenen. Die Lage und die Mündung des Ausführungsganges sind allerdings von ihr nicht richtig erkannt worden (vgl. ihre Textfig. 23).

Auf der Dorsalseite liegt zwischen den vorderen seitlichen Darmvertikeln und dem vorderen Rückenschild ein Drüsenpaar von besonderem Bau.

Die Drüsen sind weder tubulös noch acinös. Jede einzelne Drüsenzelle besitzt eine Binnenblase, von der sich schräg rostralwärts nach unten ein dünner, zarter Gang fortsetzt. Die Gänge aller Drüsenzellen vereinigen sich jederseits der Mundöffnung zu einem kurzen, etwas breiteren Gang.

Sagittalschnitte lassen nur eine einzige Zellschicht erkennen, d. h. die einzelnen hintereinander liegenden Zellen befinden sich alle mehr

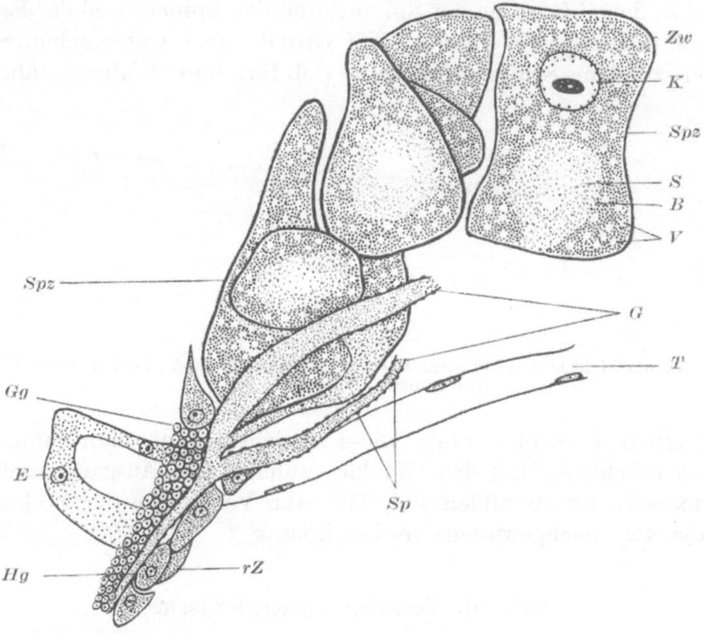

Abb. 14. Sagittalschnitt durch einige dorsale Speicheldrüsenzellen. *Spz* Speicheldrüsenzellen, *K* Kern, *Zw* Zellwand, *B* Binnenblase, *V* Vacuolen, *S* Sekret, *rZ* kleine, offenbar nicht funktionierende regenerative Zellen, *G* Ausführungsgänge, *Hg* Hauptausführungsgang, *Sp* Spiralfadenanschnitte, *T* Trachee, *Gg* Ganglienzellstrang zu den vorderen Extremitäten, *E* angeschnittener Excretionsschlauch. Vergr. 1 : 333.

oder weniger in gleicher horizontaler Ebene. Auf Frontalschnitten liegen 1—3 Zellen nebeneinander. Zunächst noch eng zusammenstehend sind sie nach Einsetzen der Sekretionsperiode durch einen schmalen Zwischenraum voneinander getrennt, eine Erscheinung, die sich wohl durch die Volumenverringerung erklärt.

Die kaudal gelegenen Zellen reichen bis zum Hinterrand des vorderen Rückenschildes. Die vordersten Zellen — sie liegen zwischen der Muskulatur des ersten Beinpaares und den Chelizerenmuskeln — biegen schräg ventral nach vorne ab. An dieser Stelle liegen einige sehr kleine Zellen, die zu dieser Zellgruppe gehören (s. Abb. 14), aber kein Sekret bilden (eventuell dürfte es sich aber auch um die Anlage junger, jeweils nach den Häutungen heranwachsender Zellen handeln).

Die Zellen, bei weiten die größten in der Milbe sind polygonal. Im Verhältnis zum Zellkörper finden sich demnach hier auch die größten Kerne. Sie sind kreisrund und reich mit Chromatinkörnern angefüllt, zwischen denen in der Mitte ein großer ovaler acidophiler Nucleolus liegt. Da die Zellen einzeln liegen, fehlt auch eine einheitliche sie umgebende Membran. Die Zellwände heben sich stark vom übrigen Zellplasma ab. Sie umgeben die Zellkörper als eine dünne, sich intensiv dunkel färbende Zone, die innen eine dünne, helle Umrahmung zeigt.

In jeder Zelle befindet sich eine Binnenblase, die nach Einsetzen der Sekretbildung in Erscheinung tritt. Meist ist sie auch schon dann zu erkennen, wenn die ganze Zelle noch mit Plasma angefüllt ist; man sieht dann in der Mitte einen plasmaärmeren Hof.

Die Sekretbildung erfolgt folgendermaßen. Zunächst beginnen die vorderen und dann die weiter hinten liegenden Zellen mit der Bildung des basophilen Sekretes. Im Plasma entstehen zahlreiche kleine Vacuolen, die sich mit einem acidophilen Sekret füllen und dieses allmählich zur Mitte in die Binnenblase abgeben. Die Kerne vergrößern sich im Laufe der Sekretionsperiode.

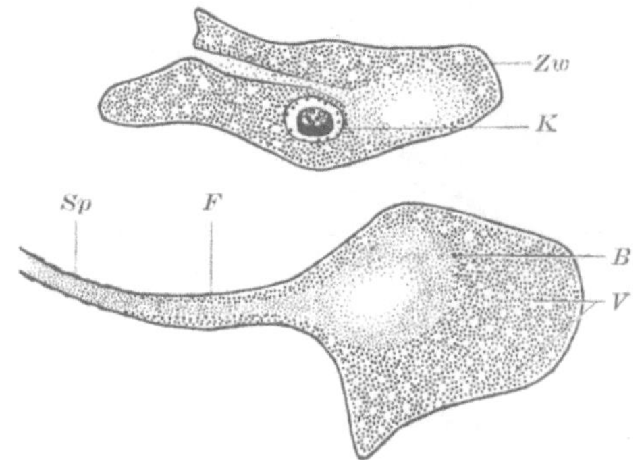

Abb. 15. Einzelne dorsale Speicheldrüsenzellen. Beachtenswert ist das sich auf den Ausführungsgang fortsetzende Zellplasma. *K* Kern, *Zw* Zellwand, *V* Vacuolen, *B* Binnenblase mit Sekret, *F* Zellfortsatz, *Sp* angeschnittener Spiralfaden. Vergr. 1 : 333.

Von der Binnenblase zieht jeweils eine feine Kapillare nach vorne, die meist ventral ihren Austritt nimmt und dann rostral umbiegt. In ihrem weiteren Verlaufe biegen die einzelnen Kapillaren in der Höhe einer zwischen den Coxen I gedachten Verbindungslinie nach innen in Richtung auf die Chelizeren ab, sammeln sich an dieser Stelle zu jederseits einem breiteren Hauptausführungsgang (s. Abb. 14), der unter den Chelizeren schräg nach vorne zu der Mundöffnung führt und unter der Oberlippe mündet. Dort, wo die einzelnen Kapillaren schräg nach unten abbiegen, also in der Höhe der Coxen I, berühren sie eng den Ganglienzellstrang, der in sie hineinführt und vor ihnen liegt, und die seitlich gelegenen Anfänge der Exkretionsschläuche. Nach der Medianachse zu werden sie von einzelnen Tracheen berührt.

Die Kapillaren sind bei Verlassen der Zellen anfangs von einer schmalen Plasmazone (s. Abb. 15) umgeben, zeigen aber in ihrem weiteren Verlaufe, daß sie aus zartem Chitin bestehen. Sie sind wie die Tracheen gebaut und besitzen wie diese einen wenn auch meist sehr undeutlich erkennbaren Spiralfaden.

XIII. Das ventrale Speicheldrüsenpaar.

Vor dem Unterschlundganglion liegt seitlich neben dem Oesophagus
ein zweites Drüsenpaar, das an Umfang bedeutend kleiner ist als ersteres.

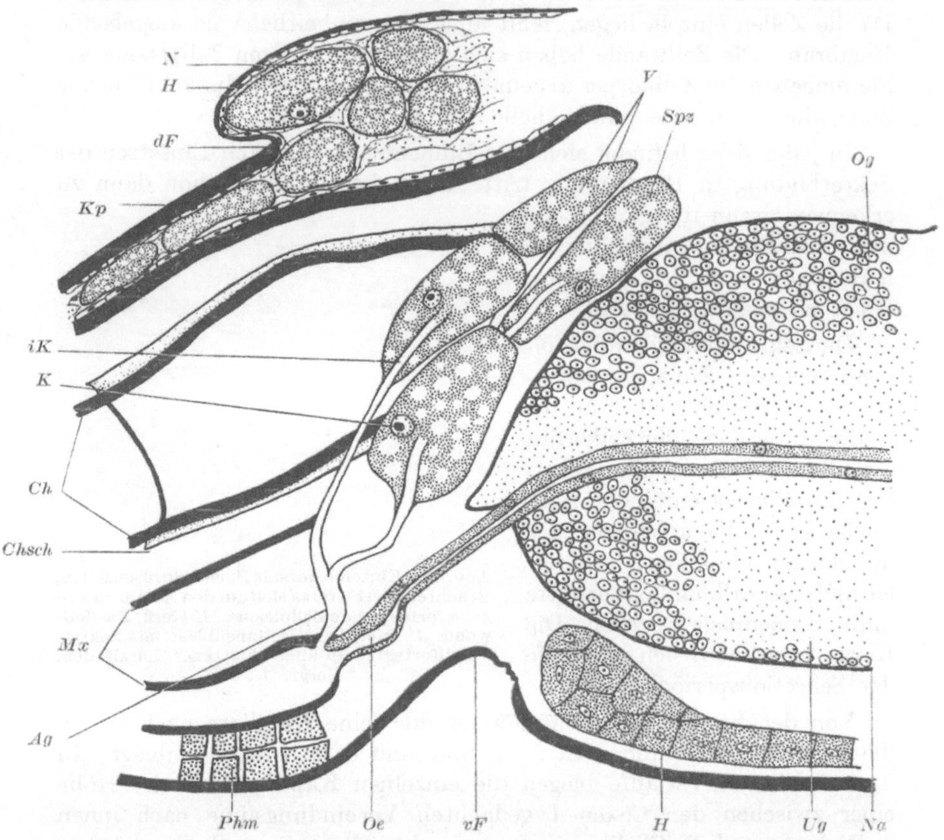

Abb. 16. Sagittalschnitt durch eine „ventrale" Speicheldrüse. *Spz* Speicheldrüsenzellen,
K Kern, *V* Vacuolen, *iK* intrazelluläre Kapillaren, *Ag* Ausführungsgang, *Oe* Oesophagus,
Phm Pharynxmuskeln, *Mx* Lade, *Chsch* Chelizerenscheide, *Ch* Chelizere, *Kp* Karapax,
dF dorsale, *vF* ventrale Falte, *H* Hypodermis, *N* Nephrozyten, *Og* Oberschlundganglion,
Ug Unterschlundganglion, *Na* Neurilemna. Vergr. 1 : 720.

Schon WINKLER (1888, S. 25 u. Abb. 15) hat die Drüsen richtig als
Speicheldrüsen erkannt und abgebildet. In ihrem Größenverhältnis und
der Zahl der Zellen nach scheinen sie freilich etwas zu klein geraten.

Die nebeneinander liegenden solitären Zellen sind zu der Form einer
Birne zusammengetreten, deren breiteres Ende nach hinten ragt und
deren Spitze bis in das Subcollare hineinragt.

Die Zellen unterscheiden sich in bezug auf Größe, Form und Vacuolen-
größe von denen des dorsalen Paares. Sie sind beträchtlich kleiner und
quaderförmig. Die sich im Plasma entwickelnden Vacuolen sind bei

weitem größer als die in den dorsalen Drüsen und haben nach ihrer Reifung die Größe ihres Kernes erreicht.

In Bezug auf Zellgrenzen und Kern sind keinerlei Unterschiede festzustellen. Das reife Sekret ist anfangs basophil, dann acidophil, jedoch stärker als bei ersteren.

Von jeder Zelle geht eine dünne Kapillare nach vorne zur Mundöffnung. Eine Binnenblase fehlt; die reifen Vacuolen dringen dafür in den Zellen in Richtung auf die Kapillare vor und ergießen ihren Inhalt in sie. Die Kapillaren jeder Seite vereinigen sich seitlich vom Pharynx zu einem gemeinsamen kurzen Ausführungsgang, der über der Mundöffnung mündet (s. Abb. 16).

XIV. Drüsenzellen mit innerer Sekretion.

WINKLER hat große, unter der Haut liegende Zellen als „Hautdrüsen" beschrieben, ohne einen Ausführungsgang gefunden zu haben. Nebenbei sei bemerkt, daß er sogar Zellen mit verschiedener Funktion zusammengeworfen und sie gemeinsam als Hautdrüsen beschrieben, d. h. auch die im Propodosoma gelegenen Nephroztyen in ihrer Bedeutung verkannt hat. Auch die vorliegende Untersuchung hat ergeben, daß den Zellen ein Ausführungsgang fehlt. Zunächst auf einer falschen Fährte versuchte ich sie als Speicherzellen zu deuten, jedoch verliefen die in dieser Hinsicht angestellten Reaktionen negativ, bis ich fand, daß MILLOT bei anderen Spinnentieren ähnliche Zellen gefunden hat und sie als Drüsenzellen mit innerer Sekretion zu deuten versuchte. Die hierauf von mir in dieser Richtung angestellten Untersuchungen führten nach Beschaffung neuen Materials zum Ziele, und es dürfte, wie wir sehen werden, nunmehr kein Zweifel darüber bestehen, daß wir Zellen mit ähnlicher Bedeutung vor uns haben.

Wie erwähnt, hat MILLOT (1930) bei gewissen Spinnen endocrine Drüsen festgestellt. Sie liegen in Haufen zusammen, meist seitlich, und finden sich oft zwischen den Nephrozyten. Da sie dem Bindegewebe entstammen und auch erheblich kleiner sind als die von *P. kempersi*, so sind sie nicht mit jenen homolog.

Die Zellen kommen nur den weiblichen Stadien zu; bei den Deutonymphen fallen sie nur schwach ins Auge, gut ausgebildet sind sie erst bei den adulten Individuen. Sie liegen im ganzen Opisthosoma unter der Cuticula und reichen bis kurz vor die Stigmen nach vorne und sind durch schmale Zwischenräume voneinander getrennt. Sie sind groß und mehr oder weniger polygonal (s. Abb. 17 u. 33 *Di*). Zu Beginn ihrer Sekretionstätigkeit sind sie stark plasmahaltig und lassen außer einer nach der Färbung mit Eisenhämatoxylin-Eosin hervortretenden stark schwarzen Granulation keine weiteren Differenzierungen erkennen. Die Randzone ist deutlich dunkler gefärbt als das übrige Plasma, das dagegen hell abgegrenzt erscheint. Der zentral gelegene Kern ist rund

(Abb. 33 *Di*). Er ist reich an Chromatinkörnern und besitzt in der Mitte einen großen acidophilen Nucleolus.

Allmählich setzt in den Zellen besonders nach der letzten Häutung, wenn die Zellen sehr umfangreich geworden sind, eine rege Vacuolen-bildung ein, die von der Basis ihren Ausgang nimmt und im Laufe der weiteren Reifung nach außen, d. h. apicalwärts und nach den Seiten hin verläuft. Die zunächst kleinen Vacuolen wachsen heran und erreichen nicht ganz die Hälfte der Kerngröße. Reife Vacuolen haben einen leicht

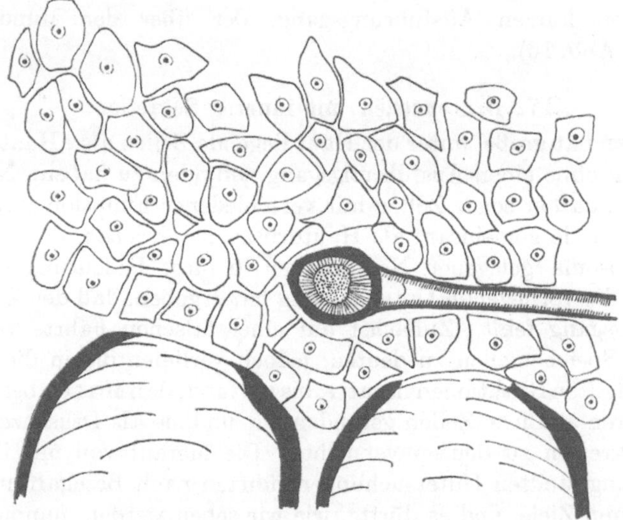

Abb. 17. Seitenansicht eines Totalpräparates aus der Gegend des 3. und 4. Beinpaares sowie des Stigmas und des hinteren Teiles des Peritremas. Unter der Cuticula scheinen die poly-gonalen Drüsenzellen mit innerer Sekretion hervor. Zwischen ihnen die Stellen, wo sich die restlichen Hypodermiszellen erhalten haben. Vergr. 1 : 366.

acidophilen Inhalt, nachdem im Laufe ihres Wachstums ein Reaktions-wechsel von der Basophilität zur Acidophilität erfolgt ist. Die in den jungen Vacuolen liegenden Körner sind als solche zunächst gut erkennbar, das Sekret der reifen hingegen stellt eine homogene Masse dar.

Es ergibt sich nun die Frage nach ihrer Herkunft. Sie dürften ecto-dermaler Herkunft und als umgebildete Hypodermiszellen aufzufassen sein. Für diese Annahme möchte ich folgendes anführen: Die Zellen stehen mit ihrer Basis unmittelbar auf der Cuticula. Meist grenzt nur ein Teil ihrer Basis an die Cuticula und unter ihren frei erhobenen restlichen Teil ist eine Hypodermiszelle geschoben. Im allgemeinen aber liegen die Hypodermiszellen zwischen ihnen. Und so erklärt sich auch der Zwischenraum zwischen den einzelnen Zellen, wie wir ihn auf der Abb. 17 erkennen können. Ferner sind diese Zellen bei den weiblichen Nymphen nur sehr schwach ausgebildet und unterscheiden sich von den übrigen Hypodermiszellen nur dadurch, daß sie etwas höher sind als diese. Somit dürften sie nicht durch Teilung, sondern durch allmähliche Umbildung im Laufe der Entwicklung entstanden sein.

XV. Die Nephrozyten.

WINKLER bezeichnete „große, dünnwandige Zellen", die er besonders gut bei jugendlichen Stadien beobachten zu können glaubte, als „interstitielles Bindegewebe". Nach ihm sind sie teils reich mit Plasma gefüllt, teils weisen sie zahlreiche Vacuolen auf. Nach dieser letzten Definition können sie aber unmöglich als Bindegewebszellen gewertet werden, da ihnen der Charakter reiner Drüsenzellen zukommt.

Zuerst gelang es KOWALEVSKI (1897), dann BRUNTZ (1904), Klarheit über die Bedeutung dieser Zellen zu schaffen. Die neuesten und besten Untersuchungen stammen aus dem Jahre 1930 und wurden von MILLOT gemacht.

Schon KOWALEVSKI stellte seine bei *Scorpio europaeus* aufgefundene „glande lymphatique" in enge Beziehung zu den Coxaldrüsen. BRUNTZ konnte durch seine diesbezüglichen Untersuchungen an verschiedenen Arthropoden weitere Beobachtungen mitteilen und damit die bis dahin bestehenden Kenntnisse vervollständigen. Er bezeichnete diese Zellen als Nephrozyten und legte bei den verschiedensten Vertretern der Arthropoden ihre Lage fest. Nach BUXTON (1913) handelt es sich bei dem „amoeboid connective tissue" um Zellen mit resorptorischer Bedeutung, die Abbauprodukte aus dem Blut sammeln und sie an die Coxaldrüsen weiterleiten.

Ausführlich auf diese grundlegenden Untersuchungen einzugehen, führt im Rahmen dieser Arbeit zu weit. Bemerkt sei nur, daß die Zellen von BRUNTZ auch bei *Ixodes hexagonus* LEACH und *Hyalomma aegyptium* L. (= *syriacum* KOCH) gefunden wurden.

Bei den von K. SAMSON (1909, S. 226—228) als Coxaldrüsen in der Zecke *Ixodes ricinus* beschriebenen Zellen dürfte es sich auch nur um Nephrozyten (und nicht um Coxaldrüsen!) handeln. Die Beschreibungen der genannten Autorin sowie ihre Abbildung (Fig. 27) stimmen im allgemeinen mit denen über die Nephrozyten bei anderen Arachnomorphen überein.

Das gleiche tritt mit Sicherheit auch für die WINKLERschen Angaben (1888, S. 19 u. Taf. II, Abb. 7) zu, der gewisse Ausläufer des Nephrozytenverbandes, und zwar die Zellen, die um die Subcoxen liegen und zum Teil noch in sie hineinreichen, als Coxaldrüsen (allerdings mit einem Fragezeichen) bezeichnet. Danach kann mit Gewißheit behauptet werden, daß bei allen bisher untersuchten Metastigmaten außer den Argasiden keine Coxaldrüsen vorkommen und die als solche angesehenen Nephrozyten sind (vgl. VITZTHUM, 1940, S. 316).

Die Nephrozyten sind, wie BRUNTZ bei den von ihm u. a. daraufhin geprüften Araneiden beobachten konnte, in unserem Falle nur auf den Raum des vorderen Körperteiles beschränkt (außer ihnen gibt es in bezug auf ihr Vorkommen an verschiedenen Körperstellen bei anderen Spinnentieren zwei weitere Gruppen). Sie sind schon bei den Larven vorhanden und kommen bis hinauf zum Adultus beiden Geschlechtern zu.

Bei der Protonymphe, wo sie sich bereits in Tätigkeit befinden, liegen sie in den Subcoxen der Beine. Hinter dem Gehirn liegt ein Zellkomplex als Nephrozytenanlage, die noch nicht in Tätigkeit ist. Proto- und Deutonymphe zeigen die gleichen Verhältnisse: Stränge locker nebeneinander liegender Zellen finden sich zwischen der Muskulatur der Coxen und der Cuticula. Die hinter dem Gehirn liegenden Zellen beginnen mit ihrer Vacuolenbildung bei der Protonymphe, sind jedoch noch sehr klein; bei der Deutonymphe hingegen ist eine sehr starke Vacuolenbildung zu erkennen, und die Zellen sind verhältnismäßig groß. Beim Adultus ist ihre Zahl erheblich vermehrt. Die am Gehirnhinterrande liegenden Zellen reichen nun bis zum Endosterniten und berühren die beiden Vasa deferentia in der Gegend ihrer Vereingung bzw. schieben sich zwischen die Acini der großen weiblichen Anhangsdrüse hin. Seitlich ziehen sie zwischen der Dorsoventralmuskulatur der Extremitäten hindurch. Nach vorne schicken sie je einen seitlich am Unterschlundganglion entlangziehenden Zellstrang, der bis zum Vorderrand des Gehirns reicht. Die Ausdehnung der seitlich liegenden und die Beincoxen versorgenden Zellstränge ist die gleiche wie bei den Jugendstadien. An anderer Stelle (s. S. 632) ist bereits darauf hingewiesen, daß in der Nähe der Stigmen eine besonders starke Anhäufung junger Nephrozyten vorhanden ist, die vor allen Dingen beim Adultus in Erscheinung tritt. Außerdem befinden sich große, in einem vertikalen Längsstrang angeordnete Zellen in dem vorspringenden vorderen Körpervorderrand.

Alle Zellen sind locker aneinandergereiht und bilden ein scharf umgrenztes Gewebe.

In ihrer Form und Struktur stimmen sie mit den Angaben der oben erwähnten Autoren überein. Auch Dr. KÄSTNER, dem ich die Zellen zeigte, stellte völlige Übereinstimmung mit den Nephrozyten anderer Spinnentiere fest. Eine einheitliche Form haben sie nicht, doch könnten sie im ausgewachsenen Zustande als mehr oder weniger polygonal bezeichnet werden (s. Abb. 18). Infolge reger Vacuolenbildung erscheint das Plasma schon vom ersten Wachstum an wabig. Die sich deutlich abhebenden Zellgrenzen bestehen aus festerem Plasma. Der Zellkörper erscheint nach Hämatoxylin-Eosin-Färbung als Folge von Plasmaarmut, verbunden mit Vacuolenreichtum sehr hell, der Zellrand färbt sich intensiv blau, im Laufe ihres Wachstums und der damit verbundenen Auflösung des Plasmas und der Vacuolenbildung wird ihre Farbe sehr bald heller.

Zum Abschluß dieses Teiles noch einige Bemerkungen.

P. kempersi besitzt kein Herz. Da infolge Fehlens dieses Pumporgans das Blut wohl nur schlecht an die Nephrozyten herangelangen kann, um die schädlichen Stoffwechselprodukte an sie abgeben zu können, müssen die Zellen von sich aus einen Weg einschlagen, um ihre Aufgabe erfüllen

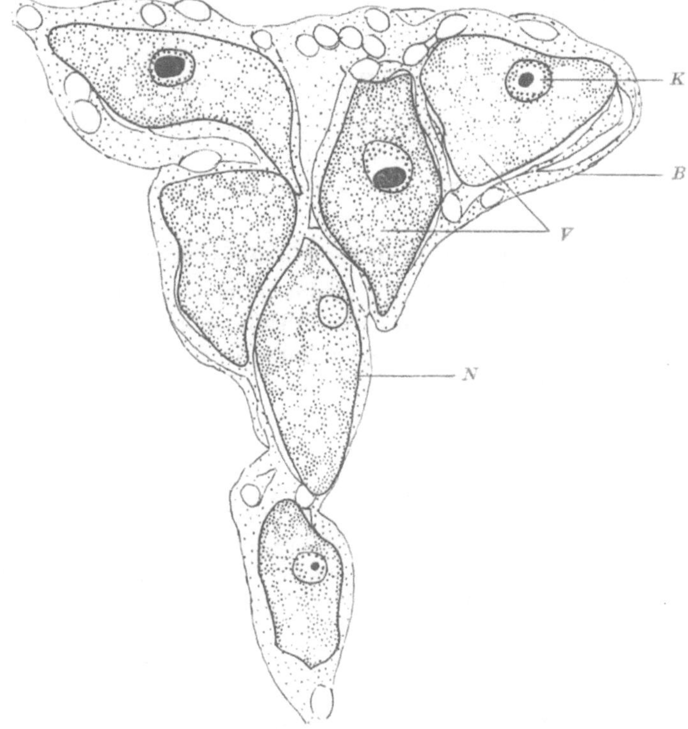

Abb. 18. Frontalschnitt durch die zwischen dem Gehirn und den Vasa deferentia gelegenen Nephrozyten. *N* Nephrozyten, *K* Kern, *V* Vacuolen, *B* Bindegewebe. Vergr. 1 : 800.

zu können (vgl. auch die interessanten Ausführungen von BUXTON). Wie wir sahen, reichen sie bis unmittelbar an die Muskeln. Letztere besitzen einen starken Stoffwechsel (die Milben sind sehr rasche Renner). Die Stoffwechselprodukte werden nun anscheinend unmittelbar an die Zellen abgegeben, wo sie zur Verarbeitung gelangen.

Wo aber bleiben die schädlichen Abbaustoffe? Eine Coxaldrüse fehlt! Es wäre denkbar, daß die Nephrozyten diese Produkte bis zur nächsten Häutung bzw. zum Tode speichern, sich nie vollends auflösen und bei den Häutungen oder mit dem Tode zugrunde gehen. (Vgl. auch KÄSTNER, 1935, S. 346 [2], wo er sich über diese Verhältnisse bei den Solifugen äußert.)

Wie wir sahen, liegen auch im Karapaxanteil des Gnathosoma Nephrozyten, und zwar *nur* diese Zellen. Auf Frontalschnitten können sie sehr leicht den Eindruck erwecken, als ob hier ein besonderer medianer Lappen der dorsalen Speicheldrüsen läge. Es ist denkbar, daß E. STEDING (1924, S. 461) diesem Trugschluß zum Opfer gefallen ist, zumal ihre Beschreibung nach Lage und Reichweite mit meinen Feststellungen übereinstimmt. Nachprüfungen wären in diesem Falle erforderlich.

XVI. Das Excretionsorgan.

Das Excretionsorgan besteht aus einem Paar von Schläuchen („Vasa Malpighii"), der Rectalblase und dem sich nach außen an sie anschließenden Excretionsporus, der von den beiden Analklappen bedeckt wird.

A. Lage und Verlauf der einzelnen Abschnitte.

In bezug auf den Verlauf der beiden Excretionsschläuche bestehen zwischen den einzelnen Stadien gewisse Unterschiede, doch nehmen sie bei allen den gleichen Anfang in oder kurz vor der Subcoxa I. Bei den Larven ziehen sie zwischen dorsaler Cuticula und Darm nach hinten und biegen kurz vor der Rectalblase schräg nach unten zu ihr ab. Bei den Proto- und Deutonymphen sind sie ventraler gelegen und verlaufen seitlich des Gehirns zwischen der Dorsoventralmuskulatur der Extremitäten oberhalb der Subcoxen gerade nach hinten. Sie berühren in ihrem weiteren Verlaufe die Genitalanlagen und die seitlichen Blindsäcke des Darmsystems. Hinter ihnen biegen sie schräg ventralwärts zur Rectalblase ab und münden von oben kommend in sie ein. Bei den Adulti ist ihr Verlauf zunächst der gleiche wie bei den Nymphen, doch ziehen sie dann hinter den medianen unpaaren Blindsack fast gerade dorsal und verlaufen seitlich neben bzw. über dem Mitteldarmhauptrohr nach hinten. Hinter dem Endosterniten biegen sie wieder schräg ventral ab und nehmen dann den gleichen Verlauf wie bei den übrigen Stadien.

Die Rectalblase liegt fast am Ende des Opisthosomas auf der ventralen Körperseite zwischen den seitlichen Darmblindsäcken. In sie münden von oben kommend die beiden Excretionsschläuche und unten der Enddarm ein (s. Abb. 19 *Vm* u. *E*).

An ihrer hinteren Wand setzt schräg zum Excretionsporus verlaufend ein kurzes gefaltetes Rohr an (Abb. 19 *Ep*).

B. Form und Bau der einzelnen Abschnitte.

Die Excretionsschläuche bestehen aus einem einschichtigen Epithel großer Zellen mit nicht erkennbaren Zellgrenzen. Außen werden sie von einer feinen sich nicht färbenden Membran umkleidet. Die Zellen besitzen einen chromatinreichen Kern (typischen Netzknotenkern) mit

einem acidophilen Nucleolus. Das Lumen der Schläuche ist in den meisten
Fällen verhältnismäßig eng.

Die Rectalblase ist langgezogen oval. Das Epithel wird von Zellen
gebildet, die genau so wie die Zellen des Enddarmes und des letzten

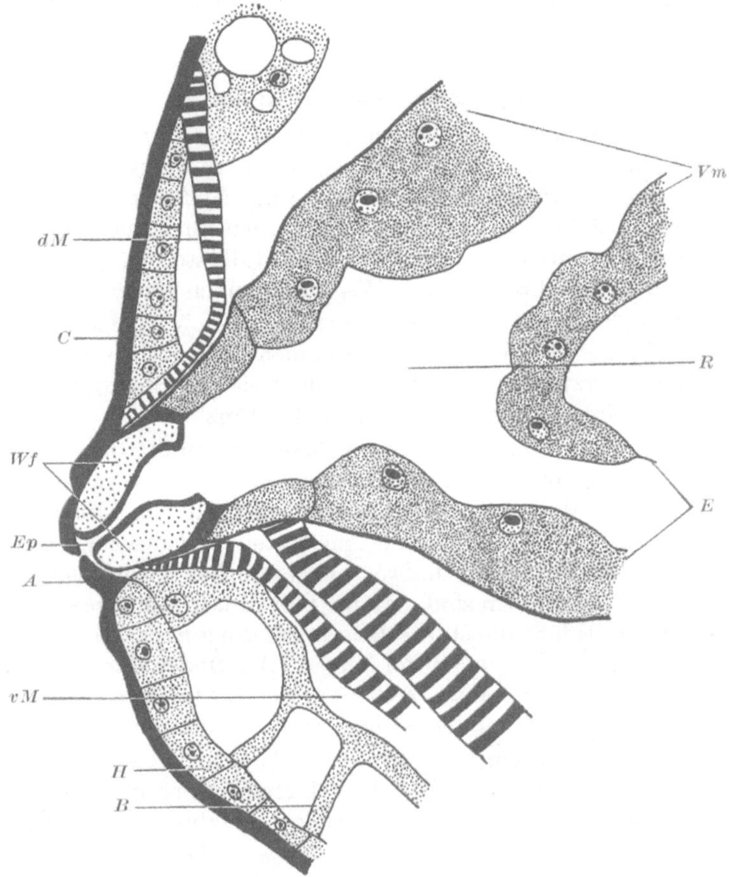

Abb. 19. Sagittalschnitt durch Rectalblase und Excretionsrohr und Porus einer weiblichen
Deutonymphe. *R* Rectalblase, *Vm* Excretionsschlauch, *E* Enddarm, *Ep* Excretionsporus,
A Analklappen, *dM* dorsale, *vM* ventrale Muskulatur des Organes, *C* Cuticula, *H* Hypo-
dermiszellen in Umwandlung zu Drüsenzellen mit innerer Sekretion, *B* Bindegewebe.
Vergr. 1 : 800.

Abschnittes der Schläuche aussehen. Irgendwelche Strukturen, Vacuolen
und dergleichen im Plasma sind nicht vorhanden. Auch die Kerne
weisen keinerlei Unterschiede auf.

Dorsal und ventral inserieren kaudal zwischen der sie umgebenden
Membran und dem Excretionsporus Muskeln, die weder mittels Sehnen
an ihrem Anfangspunkt noch mittels Sehnen an ihrem Wirkungspunkt

inserieren. Damit finden sich bei *P. kempersi* die gleichen Verhältnisse,
wie sie M. RUSER für *Ixodes* festgestellt hat.

Das oben erwähnte Rohr zwischen Rectalblase und Excretionsporus
ist kurz oval und besteht aus verhältnismäßig dickwandigem Chitin. In
sein Lumen ragen vier Wandfalten hinein, von denen sich jeweils zwei
gegenüber stehen (s. Abb. 19 *Wf*).

C. Die Excrete und ihre Bildung.

Bei den Excretionsprodukten handelt es sich ausschließlich um
Guaninkristalle (Reaktion nach BURIAN). Nach vorausgegangener reger
Vacuolenbildung im Plasma liegen sie als fertige Sphaerite von verschiedener Größe zunächst in den Zellen und werden allmählich ins Lumen
abgeschieden. Sie gelangen sodann in die Rectalblase, von wo sie neben
abgestoßenen Darmzellteilen ihren Weg nach außen finden.

Außer den Guaninkristallen befindet sich in den Vacuolen eine trübe
unfärbbare Flüssigkeit, die allerdings im Lumen nicht nachgewisen werden
konnte. Nach VITZTHUM (1940, S. 301) dient sie zur Bindung der Kon-
kretionen „zu einer dünnflüssig breiigen Substanz“.

Da die Vacuolenbildung in dem vorderen Abschnitt der Schläuche
reger ist — die Vacuolen sind hier bedeutend größer — als in den Zellen,
die näher zur Rectalblase hin liegen, nimmt auch die Guaninbildung ab,
je mehr sich die Zellen ihr nähern. Am besten sind diese Verhältnisse
bei den Nymphen zu erkennen, wo infolge starker Vacuolisierung die
Zellen derartig aufgetrieben sind, daß ihr Lumen fast völlig geschwunden
ist. Bei den Adulti läßt die starke Bläschenbildung nach, dafür sind die
Schläuche hier um etwa ein Drittel länger. Wir finden dort nur relativ
kleine Vacuolen. In den letzten Zellen vor der Rectalblase erfolgt keine
Guaninbildung mehr, daher fehlen hier auch Vacuolenbildungen.

Abschließend noch einige Worte über WINKLERs Abhandlung zu
diesem Teile (1888, S. 26 u. 27). Das Excretionsorgan ist *nicht* den
MALPIGHIschen Gefäßen der Insekten homolog. Letztere sind ectodermaler
Herkunft! Die Untersuchungen an *P. kempersi* beweisen das Fehlen
eines chitinigen Anteils; sie zeigen auch dadurch (P. SCHULZE, 1923,
S. 21 [10] u. 21 [11] u. VITZTHUM 1940, S. 299 u. 300), daß das Excretionsorgan der Acarina entodermaler Herkunft ist.

WINKLER fiel „die colossale Entwicklung dieser Organe im Larven-
und besonders im ersten Nymphenstadium“ (1888, S. 27) auf. Diese
Beobachtung deckt sich, mag sie auch für gewisse Arten unter Umständen
zutreffen, nicht mit meinen Beobachtungen an der vorliegenden *Parasitus*-
art. Irgendwelche Besonderheiten in bezug auf die Ausdehnung konnten
nicht beobachtet werden. Hingegen fand ich in einem einzigen Fall an
den sehr vielen Serienschnitten durch weibliche Adulti ein Exemplar,
bei dem der mittlere Teil der beiden Schläuche infolge einer übermäßigen

— anscheinend anormalen — Überfüllung derartig aufgetrieben war, daß weder die von dem Endosterniten ausgehende Dorsoventralmuskulatur noch die vordere Hälfte der Geschlechtsorgane zu erkennen war.

XVII. Der Genitalapparat.

A. Der männliche Genitalapparat.

1. *Lage und Verlauf.* Eine Genitalanlage tritt zum ersten Male bei der Protonymphe auf. Von diesem Stadium an sind Lage und Verlauf der Organe bzw. ihrer Anlagen bis zum ausgewachsenen Individuum die gleichen:

a) Der unpaare etwa hufeisenförmige Hoden liegt auf der Dorsalseite des Opisthosomas und bei frontaler Aufsicht über dem Enddarm. Er besitzt auf der Ventralseite jederseits zwischen Enddarm und den seitlichen Darmblindsäcken eine Ausbuchtung.

b) Die beiden Vasa deferentia beginnen ventral, kurz vor dem Vorderrande des Hodens, laufen schräg nach unten, biegen hinter der Anhangsdrüse nach vorne um und gehen etwa in mittlerer Höhe derselben zu beiden Seiten weiter rostralwärts. In der mittleren Hälfte biegen sie nach oben um, verlaufen ein kurzes Ende dorsal über der Drüse, vereinigen sich vor ihrer schräg ventral abfallenden Vorderseite und gehen dann als gemeinsames Vas deferens in den Ductus ejaculatorius über. An dieser Stelle liegt auch die Mündung der Anhangsdrüse, die beim Adultus in ihn einmündet (s. Abb. 21).

c) Der Ductus ejaculatorius zieht zwischen Bauchwand und unterer Gehirnwand zum Vorderrande des Propodosomas. Seine Öffnung befindet sich über dem Hypostom und besitzt einen besonderen Verschlußmechanismus (s. Abb. 22).

d) Der Verschlußkolben liegt vor und unter der Geschlechtsöffnung Er ist nach hinten an den Seiten in zwei dorsal aufsteigende Leisten ausgezogen, die neben den Seiten des Ductus ejaculatorius liegen und sich dorsal über ihm zu einem unpaaren Stück vereinigen. An den beiden hinteren Ecken dieses Stückes inserieren jederseits Muskeln, die seitlich neben dem Ductus ejaculatorius und der Anhangsdrüse kaudalwärts ziehen und neben der Subcoxa IV an der ventralen Cuticula als ihrem Anfangspunkt ansetzen.

e) Die Anhangsdrüse nimmt einen sehr großen Raum des Körpers ein. Sie hat eine länglichrunde, fast spindelförmige Gestalt. Auf der Bauchseite gelegen, beginnt sie im Opisthosoma etwa unterhalb des hinteren Hodenviertels und dehnt sich nach vorne bis zum Gehirnhinterrand aus. Ihre Dorsalseite berührt unmittelbar den Mittel- und Enddarm. In ihrer Breite erstreckt sie sich zwischen den seitlichen unteren Darmblindsäcken.

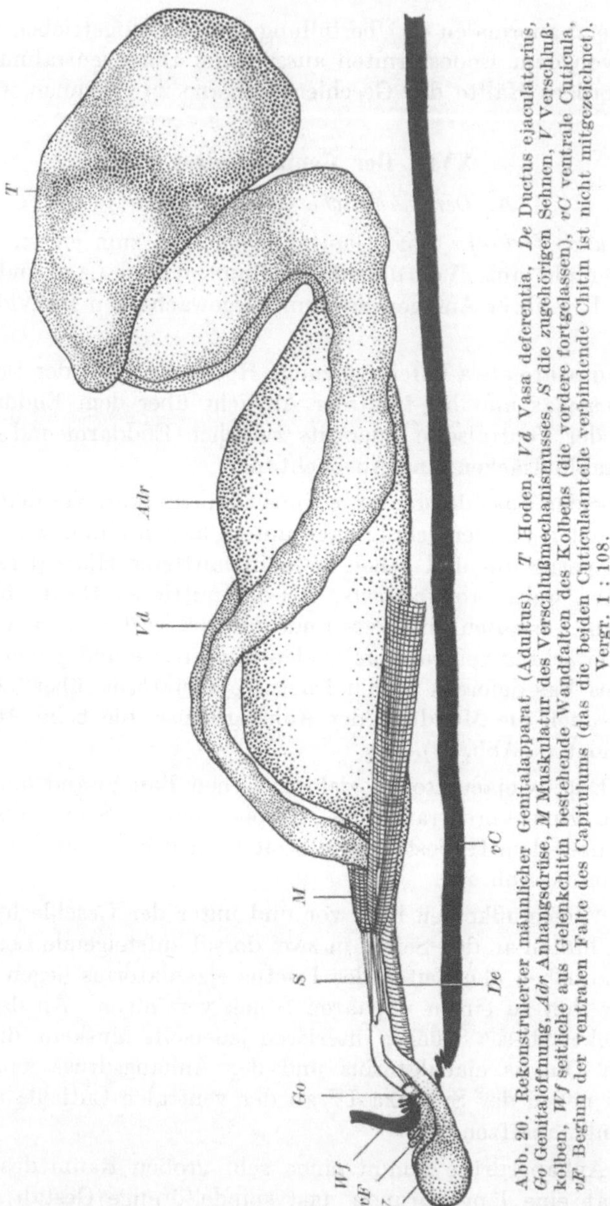

Abb. 20. Rekonstruierter männlicher Genitalapparat (Adultus). *T* Hoden, *Vd* Vasa deferentia, *De* Ductus ejaculatorius, *Go* Genitalöffnung, *Adr* Anhangsdrüse, *M* Muskulatur des Verschlußmechanismusses, *S* die zugehörigen Sehnen, *V* Verschlußkolben, *Wf* seitliche aus Gelenkchitin bestehende Wandfalten des Kolbens (die vordere fortgelassen), *rC* ventrale Cuticula, *vF* Beginn der ventralen Falte des Capituhums (das die beiden Cuticulanteile verbindende Chitin ist nicht mitgezeichnet). Vergr. 1 : 108.

2. *Der Bau der Organe*. a) Der Hoden wird von einer zarten Grenzlamelle, in die spindelförmige Kerne eingestreut sind, umgeben.

Sokolow hat den Vorgang der Spermatogenese von *Gamasus brevicornis* Berl. (1934, S. 46—67) eingehend beschrieben. Die Spermienbildung — besser gesagt Prospermienbildung — bei *P. kempersi* ist die gleiche wie bei der obigen Art.

Fertige Spermien gelangen im Hoden nicht zur Ausbildung, sondern lediglich Prospermien, die sich erst nach Verlassen der Spermatophore zu solchen umbilden.

In der kleinen Hodenanlage der Protonymphen liegen außer den wenigen Spermatogonien (Keimlager) noch Spermatocyten I. und II. Ordnung (bei etwas älteren Tieren).

Der Hoden der Deutonymphen weist bereits alle auch beim Adultus vorkommenden Stadien der Spermatogenese, also einschließlich Prospermien, auf.

Allgemein ist zur Lage des Keimlagers zu sagen, daß es im hinteren Hodenabschnitt gelegen ist im Gegensatz zu dem Keimlager der Weibchen, bei denen es im vorderen Abschnitt des Ovars liegt.

b) Die Vasa deferentia sind ebenfalls von einer Grenzlamelle umgeben, die auch ellipsoide Kerne enthält. Darunter liegt ein einschichtiges Zellepithel. Die Zellen besitzen ovale chromatinhaltige Kerne mit je einem acidophilen Nucleolus (Netzknotenkerne).

Bei jungen Protonymphen stoßen die apicalen Zellenden des Epithels zusammen, bei älteren Tieren kann man schon zwischen ihnen ein schwaches Lumen erkennen, in dem Spermatozyten II. Ordnung liegen.

Außer in bezug auf die Grenzlamelle (s. unten) bestehen zwischen Deutonymphen und Adulti keine weiteren Unterschiede. Der Teil der Vasa deferentia, der gleich unter dem Hoden liegt, ist infolge größerer Anhäufung von Spermien besonders stark ausgebaucht. Hier zeigt das Epithel regelmäßig kurze und dicke Zellen; sie werden in ihrem weiteren Verlaufe länger und schmäler. Bei besonders starker Anfüllung des Lumens mit Prospermien erscheinen sie fast verschwunden: das Epithel ist erschlafft. Befinden sich hingegen nur wenige Geschlechtsprodukte im Lumen, so treten sie wieder mehr in Erscheinung. Von der Verschmelzung der beiden Vasa deferentia zu einem gemeinsamen Vas deferens an sind sie stets sehr gut sichtbar. Ihre Höhe ist gering, dafür aber ihre Breite um so größer (s. Abb. 21).

Wie gesagt, ist die Grenzlamelle bei den Deutonymphen und Adulti unterschiedlich ausgebildet. Der Teil, der den letzten Abschnitt bis zum Ductus ejaculatorius umschließt, hat beim Adultus ringförmige nach innen zu gerichtete Vorsprünge, bei der Deutonymphe hingegen ist er glatt.

Eine offene Verbindung zwischen Vas deferens und Ductus ejaculatorius ist nie zu erkennen. Da Muskelzellen zum Verschluß fehlen, dürften die zwischen den beiden Abschnitten liegenden Epithelzellen diese Aufgabe übernommen haben und nur im Bedarfsfalle den Prospermien den Durchtritt gestatten.

Die aus dem Vas deferens in den Ductus ejaculatorius übertretenden Geschlechtsprodukte treten als Prospermienballen auf · (s. Abb. 23). In sie gelangen wahrscheinlich ausschließlich Abkömmlinge einer einzigen Spermatogonie. Diese Abkömmlinge heben sich bereits vom Anfang der Vasa deferentia bis zu ihrem Ende deutlich durch ihre verschieden-

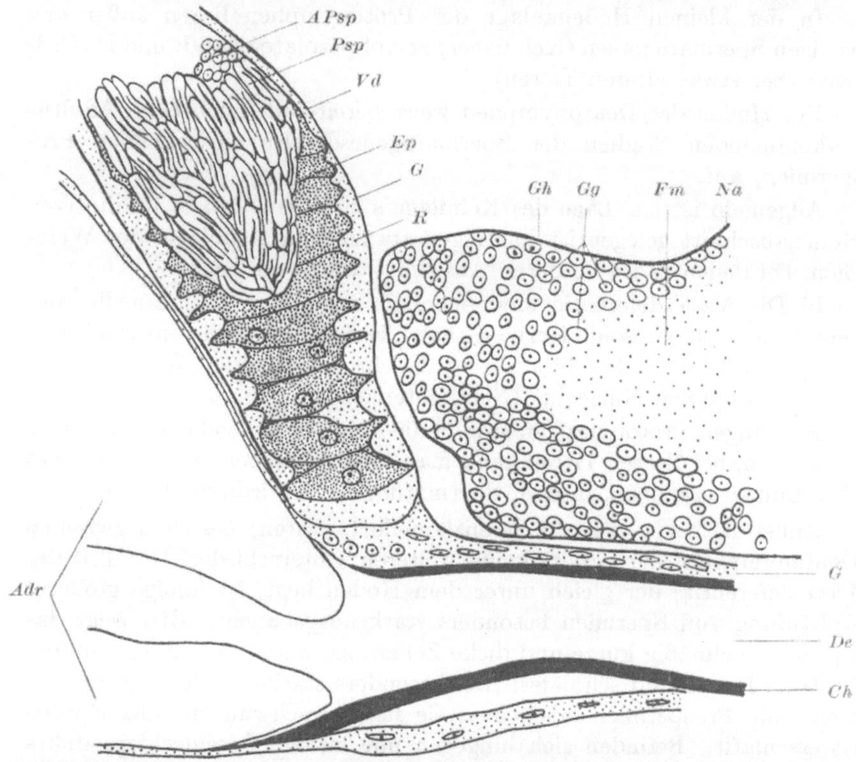

Abb. 21. Sagittalschnitt durch Vas deferens und Ductus ejaculatorius eines Adultus. *Vd* Vas deferens, *G* Grenzlamelle, *R* die in seinem vorderen Abschnitt ins Lumen vorspringenden ringförmigen Verdickungen, *Ep* Epithel, *Psp* Prospermien, *APsp* Abkömmlinge einer anderen Spermatozyte, *De* angeschnittener Ductus ejaculatorius, *Ch* Chitin, *G* Grenzlamelle, *Adr* Anhangsdrüse, angedeutet, *Gh* Gehirn, *Gg* Ganglienzellschicht, *Fm* Fasermasse, *Na* Neurilemna. Vergr. 1 : 720.

artige Lage zueinander ab (s. Abb. 21 *APsp*). Für diese Wahrscheinlichkeit spricht sehr viel, da in den Ballen, die sich im Ductus ejaculatorius befinden, die gleiche Prospermienmenge liegt wie in jenen, die sich noch in den Vasa deferentia befinden. Die einzelnen Ballen lassen sich auch noch sehr leicht in der Spermatophore wiedererkennen, und das um so besser, da die Prospermien ja noch nicht beweglich sind. So kann man auf einem Schnitt Längs-, Quer- und Schrägschnitte durch diese Ballen wiederfinden und somit das gleiche Bild erhalten, wie es in den Vasa deferentia in Erscheinung tritt.

c) Der Ductus ejaculatorius ist erst beim Adultus vorhanden. Mit dem Durchbruch der Geschlechtsöffnung ist dieses Rohr, das nunmehr ein schmales Lumen besitzt, stark chitinisiert worden. Um dieses Rohr herum liegt wieder eine Grenzlamelle mit ellipsoiden Kernen, die jedoch etwas breiter ist als die die übrigen Organe umgebende.

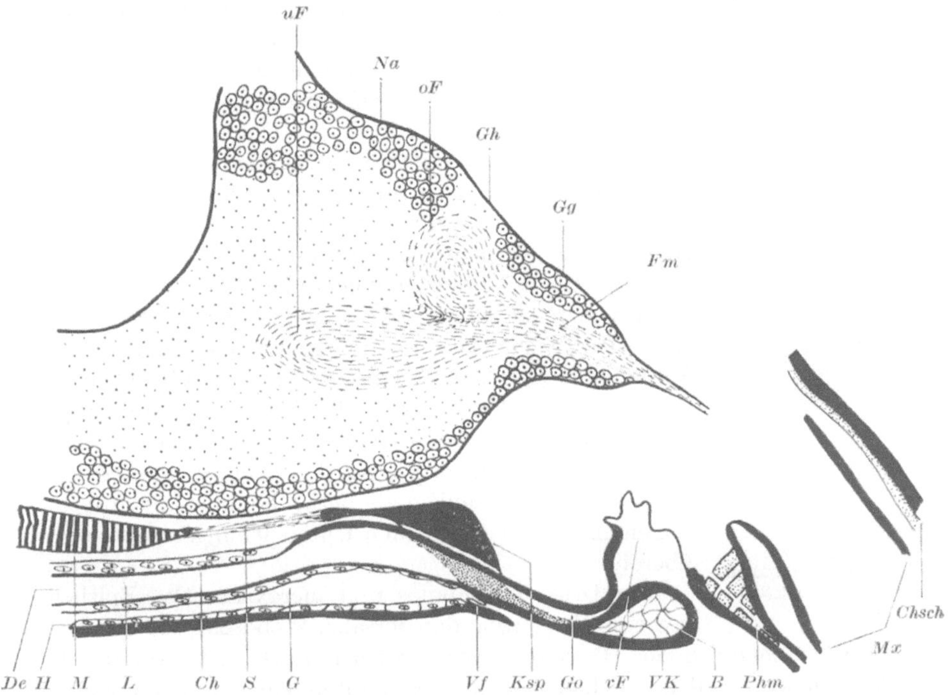

Abb. 22. Sagitalschnitt durch Ductus ejaculatorius und Verschlußmechanismus eines Adultus. *De* Ductus ejaculatorius, *L* Lumen, *Ch* Chitin, *G* Grenzlamelle, *Go* Genitalöffnung, *VK* Verschlußkolben, *B* Bindegewebe, *Ksp* die eine seitliche Chitinspange des Kolbens, *M* Muskulatur des Verschlußmechanismus, *S* Sehne, *vF* ventrale Falte des Capitulums, *Phm* Pharynxmuskulatur, *Mx* angeschnittene Lade, *Chsch* angeschnittene Chelizerenscheide, *vC* ventrale Cuticula, *Vf* Verbindungsfalte zwischen Cuticula und Kolben, *H* Hypodermis, *Gh* Gehirn, *Gg* Ganglienzellschicht, *Fm* Fasermasse, *Na* Neurilemna. *oF* Faseranteil des Oberschlundganglions, *uF* des Unterschlundganglions am Palpennerven. Vergr. 1 : 420.

d) An der Geschlechtsöffnung befindet sich der bereits erwähnte Verschlußmechanismus (s. Abb. 22), der wohl dem von KRAMER als „Penis" beschriebenen Gebilde entsprechen dürfte.

Das unter der aus Gelenkchitin bestehenden ventralen Falte liegende weiche Chitin ist kaudalwärts eingestülpt und bildet das chitinige Rohr des Ductus ejaculatorius.

Die ventrale Cuticula besitzt an ihrem Vorderende einen mittels Gelenkchitin ansetzenden Kolben, der aus weichem Chitin besteht und in dem sich Bindegewebe befindet. Der Kolbenstiel spaltet sich in zwei seitlich des Ductus ejaculatorius entlangziehende und dorsal aufsteigende Leisten, die über ihm zu einem unpaaren Stück verschmolzen sind. Seine beiden hinteren Ecken sind ein wenig ausgezogen und dienen als Ansatz der Sehnen für die ihn bewegenden Muskeln.

Das die ventrale Falte bildende Gelenkchitin ist an den Kolbenseiten niedergebogen und bildet eine weichhäutige Kappe, die mit dem Kolben ın Verbindung steht und in die er hineinzufassen vermag. Auf diese Weise kommt ein Verschluß der Öffnung zustande, wenn die Muskeln kontrahiert sind; und die Öffnung wird frei, wenn sie erschlaffen.

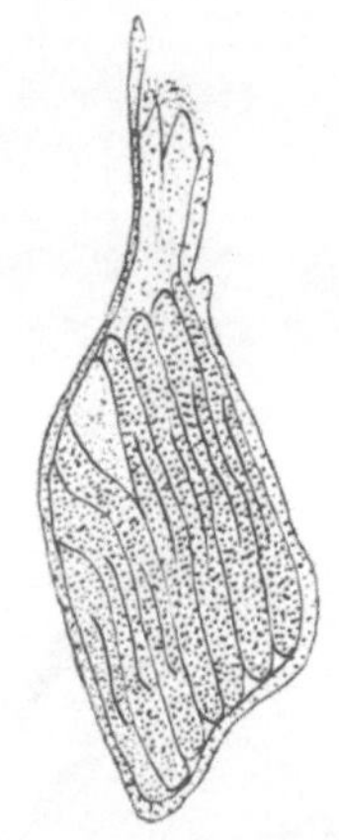

Abb. 23.
Prospermienballen.
Vergr. 1 : 960.

e) Die Angaben der älteren Autoren über die Genitalanhangsdrüse sind recht dürftig. WINKLER erwähnt sie zwar, bringt aber keine weiteren Beobachtungen. Auch bei MICHAEL ist nicht mehr zu lesen. Dafür finden wir aber in seinen Untersuchungen über die innere Anatomie von *Bdella* (Trombidiformes) (1896, S. 507—509) einige Parallelen. Die Anhangsdrüsen haben nach ihm Ähnlichkeit mit den „glandular antechambers" und den „mucous glands", die ebenfalls Genitalanhangsdrüsen darstellen. Die Sekretion ist seiner Ansicht nach wahrscheinlich ähnlich wie bei den eben erwähnten.

Seine Beobachtungen an *Bdella* stimmen in groben Zügen mit den vorliegenden Untersuchungsergebnissen überein.

Die Drüse ist tubulös und merokrin. Das Epithel hat eine Einfaltung der dorsalen Wandseite ins Lumen, die wahrscheinlich der Oberflächenvergrößerung dient. Schnitte durch den apikalen Teil der Zellen in einer bestimmten Höhe können leicht die Ansicht aufkommen lassen, der E. STEDING (1924, S. 479 u. 480) erlag, daß die Drüse ursprünglich paarig angelegt gewesen sei. Daß das nicht der Fall ist, beweisen uns eindeutig Schnitte durch die Drüsenanlagen von Deuto- und Protonymphen. In beiden Stadien fehlt diese so deutlich beim Adultus ausgebildete Längsfalte.

Die Zellen sind zu mehreren Gruppen vereinigt. Ihrer Funktion nach eingeteilt handelt es sich offensichtlich um 6 Zellgruppen, ihrer Form nach anscheinend nur um drei, obwohl auch das fraglich ist, da in der Protonymphe noch keinerlei Differenzierungen aufgetreten und sie bei der Deutonymphe erst zum Teil ausgebildet sind; bei den übrigen drei dürfte es sich wohl nur um besondere Differenzierungen einer Zellgruppe handeln.

a) *Lage und Bau der verschiedenen Zellgruppen.* Die Kernverhältnisse sind bei allen Zellgruppen die gleichen, und es kann daher zusammenfassend gesagt werden, daß sie alle mehrkernig sind und die Vermehrung der Kerne wahrscheinlich durch Fragmentation zustande kommt.

Da die Zellen von ihrer Basis bis zur Spitze nie gerade, sondern immer gewellt verlaufen, konnten auf Schnitten auch nie ganze Zellen beobachtet werden, sondern nur angeschnittene Zellteile. Aus diesem Grunde ließ sich auch nicht mit Sicherheit die genaue Kernzahl festlegen; in den meisten Fällen wurden in jeder Zelle zwei, nur manchmal auch drei Kerne gefunden.

Eine Zellgruppe ist vornehmlich an dem Aufbau der Drüsenepithele beteiligt. Zu ihr gehört die große Mehrzahl der Zellen. Nur an bestimmten Stellen liegen zwischen ihnen besondere, funktionell oder morphologisch abweichende Zellen.

Da die Bedeutung nur einiger dieser Gruppen klar erkannt werden konnte, ist es auch nur möglich, sie mit Buchstaben (A—F) zu belegen.

Zellgruppe A. Die Zellen dieser Gruppe übertreffen an Zahl die anderen fünf bei weitem. Sie nehmen den größten Teil der Epithelfläche in Anspruch. Rings um das Drüsenrohr gelegen reichen sie von der kaudalen Spitze (s. Abb. 24) bis zur rostral gerichteten Mündung (s. Abb. 25).

Im hinteren Drittel der Drüse sind sie an dem oberen und den seitlichen Wandteilen schräg nach hinten (s. Abb. 24) und am unteren Wandteil schräg nach vorne (s. Abb. 24) gerichtet. In ihrer basal-apikalen Achse verlaufen sie mehr oder weniger stark gekrümmt, so daß sie zum Teil nur durch Kombination mehrerer nebeneinander liegender Schnitte rekonstruiert werden können. Diese Verhältnisse treffen allerdings nur für die Deutonymphe und den Adultus zu, bei der Protonymphe stehen sie noch senkrecht ins „Lumen".

Ihre Gestalt ist bei der Protonymphe säulenförmig, bei der Deutonymphe und dem Adultus mehr oder weniger lang-komma- (s. Abb. 24 *A*) bis lang-spindelförmig (s. dieselbe Abbildung). In letzterem Falle aber nur insofern, als das apikale Ende verhältnismäßig lang und dünn ausgezogen ist. Im Querschnitt sind sie rund bis oval, manchmal mit geringen Andeutungen von Kanten, doch nie ausgesprochen polygonal.

Ihre Kerne liegen in den basalen zwei Dritteln. Sie sind rund und besitzen einen größeren acidophilen und einen kleineren basophilen Nucleolus und zahlreiche Chromatinkörner; es handelt sich bei ihnen wiederum um ausgesprochene Netzknotenkerne.

Zellgruppe B. Wahrscheinlich als besonders differenzierte Gruppe von A befindet sich etwa in der Mitte des hinteren Drüsenteils auf dem ventralen Wandteil gelegen ein Zellkomplex, dessen Zellen die übrigen überragen (s. Abb. 24 *B*). Sie stoßen fast wie ein Kegel ins Lumen vor. Im übrigen haben sie annähernd die gleiche Form wie die Zellen der Gruppe A, nur sind sie viel länger ausgezogen.

Bei diesen Zellen handelt es sich um eine Gruppe, die uns zuerst bei der Deutonymphe weniger auffällig entgegentritt; bei der Protonymphe unterscheiden sich die an dieser Stelle gelegenen Zellen noch nicht von den übrigen. Das dürfte ein Beweis dafür sein, daß wir es hier nur mit einer besonderen Zelldifferenzierung zu tun haben.

Ihre Bedeutung konnte einwandfrei erkannt werden. Sie dienen als Stütze für die Spermatophore, die in diesem Abschnitt gebildet wird (weiteres siehe unten).

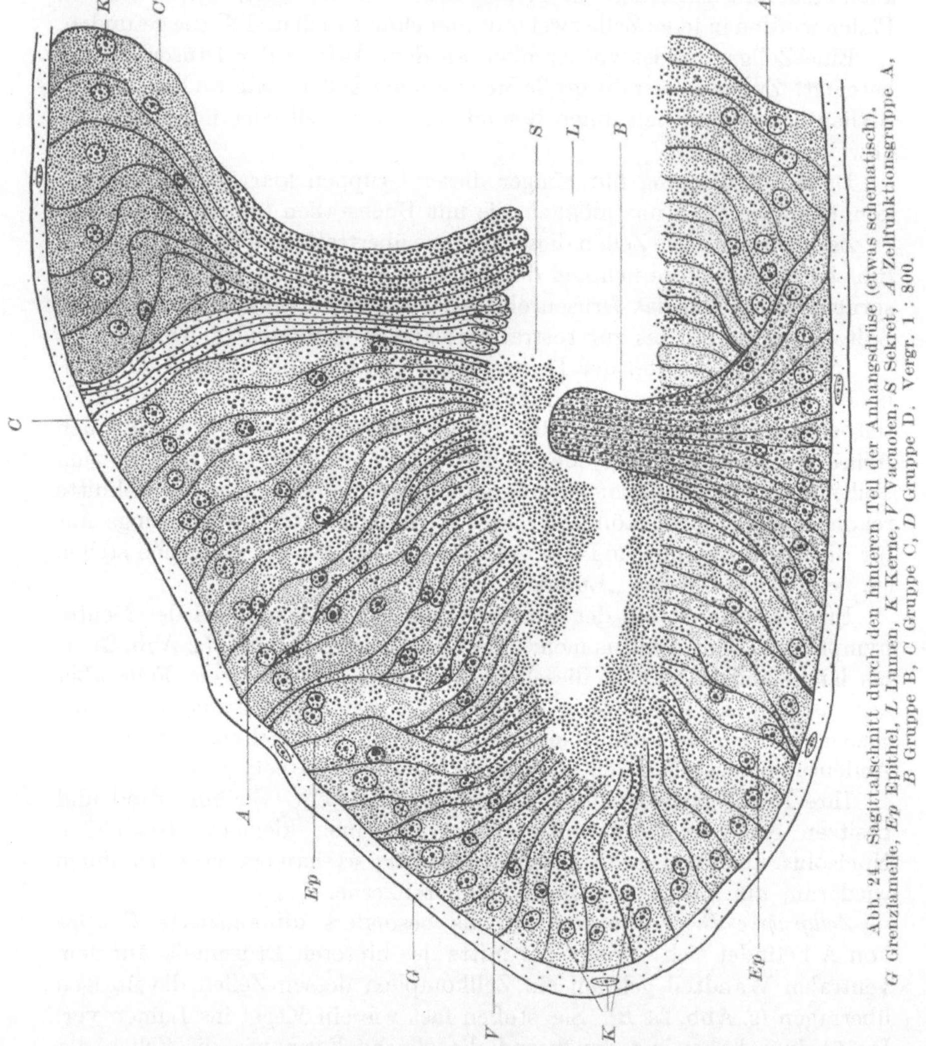

Abb. 24. Sagittalschnitt durch den hinteren Teil der Anhangsdrüse (etwas schematisch). *G* Grenzlamelle, *Ep* Epithel, *L* Lumen, *K* Kerne, *V* Vacuolen, *S* Sekret, *A* Zellfunktionsgruppe A, *B* Gruppe B, *C* Gruppe C, *D* Gruppe D. Vergr. 1 : 800.

Die Kernverhältnisse sind die gleichen wie bei Gruppe A.

Zellgruppe C. Auf dem dorsalen Wandteil hängen vor dem eben beschriebenen Kegel besondere Zellen in geringer Anzahl ins Lumen (s. Abb. 24 *C*). In ihrem Verlaufe legen sie sich eng an die folgende Zellgruppe an und stehen mit ihr, besonders an der Basis, in engem Zusammenhang.

Sie sind äußerst schmal und nur in ihrem apikalen Teile kolbig erweitert. Sie färben sich regelmäßig nur schwach mit Hämatoxylin an.

Ein ellipsoider Kern (Netzknotenkern) liegt in der kolbigen Erweiterung.

Zellgruppe D. Diese Zellen, bei der Protonymphe ebenfalls noch nicht differenziert, bei der Deutonymphe hingegen schon in ihrem Verlaufe stark von den übrigen Zellen unterschieden, sind sicher nur funktionelle Differenzierungen von der Gruppe A. Sie sind beim Adultus auffallend stark S-förmig gebogen, bei der Deutonymphe hingegen etwas weniger.

Die Kernverhältnisse sind die gleichen wie bei A.

Zellgruppe E. Ebenfalls am dorsalen Wandteil befindet sich im mittleren Drittel eine weitere Zellgruppe, die zunächst durch ihre Färbung und dann durch ihre Form bei der Deutonymphe auffällt. Sie ist bei der Protonymphe noch nicht zu erkennen; beim Adultus nur noch recht undeutlich. Die Zellen sind in ihrer basalen Hälfte erheblich plumper als die sie umgebenden, die der Gruppe A angehören.

Die Kernverhältnisse sind dieselben wie bei A.

Zellgruppe F. Bei der Protonymphe noch nicht erkennbar, wohl aber bei der Deutonymphe und dem Adultus gut ausgeprägt, befindet sich am dorsalen Wandteil eng an den schräg nach unten verlaufenden Vorderrand der Drüse angeschmiegt vor der Mündung eine aus wenigen, etwa einem Dutzend, großen langen und breiten Zellen bestehende Gruppe (s. Abb. 25 *F*).

Durch ihre Länge und Breite unterscheiden sie sich von allen übrigen Zellen des Epithels und sind im Querschnitt polygonal. Sie färben sich stets nur sehr schwach.

Die Kernverhältnisse sind dieselben wie bei A.

β) Der Sekretionsablauf. Schon bei der Protonymphe ist eine sehr schwache Vacuolenbildung festzustellen.

In den Drüsenzellen der Deutonymphe ist die Bildung der Vacuolen schon weit intensiver. Ein Sekret wird noch nicht ins Lumen abgeschieden. Eine auffallend starke Vacuolenbildung finden wir in der Zellgruppe E. Ihre Sekretbildung scheint bei den älteren Deutonymphen ihren Höhepunkt erreicht zu haben. Diese Gruppe leitet demnach anscheinend den Sekretionsablauf ein. Im Plasma befinden sich so viele und große Vacuolen mit großen Sekrettropfen, daß das Plasma zum allergrößten Teil schon aufgebraucht ist. Sie sind im Basalteil größer als die Kerne und nehmen an Umfang apikalwärts ab.

Beim Adultus ist die Sekretbildung annähernd völlig erloschen. Nur noch sehr kleine Vacuolen liegen im stark granulierten Plasma (nach Färbung mit HEIDENHAIN). Auch am Ende des Sekretionsablaufes der übrigen Drüsenzellen bleiben immer noch Spuren des Plasmas zurück.

Die Zellgruppe F zeigt nach Färbung mit Eisenalaun-Eosin eine intensiv schwarze Granulation. Je ein Sekretkörnchen liegt in jeder der vielen kleinen Vacuolen.

Beim Adultus ist die Drüsentätigkeit am heftigsten.

Ich halte es für das Richtigste, den Sekretionsablauf der anderen Zellgruppen der Reihe nach durchzusprechen und beginne mit der Gruppe A:

Im basalen Zellteil beginnt die Bildung der Vacuolen. Hier sind sie noch sehr klein, nehmen aber in apikaler Richtung sehr schnell an Umfang

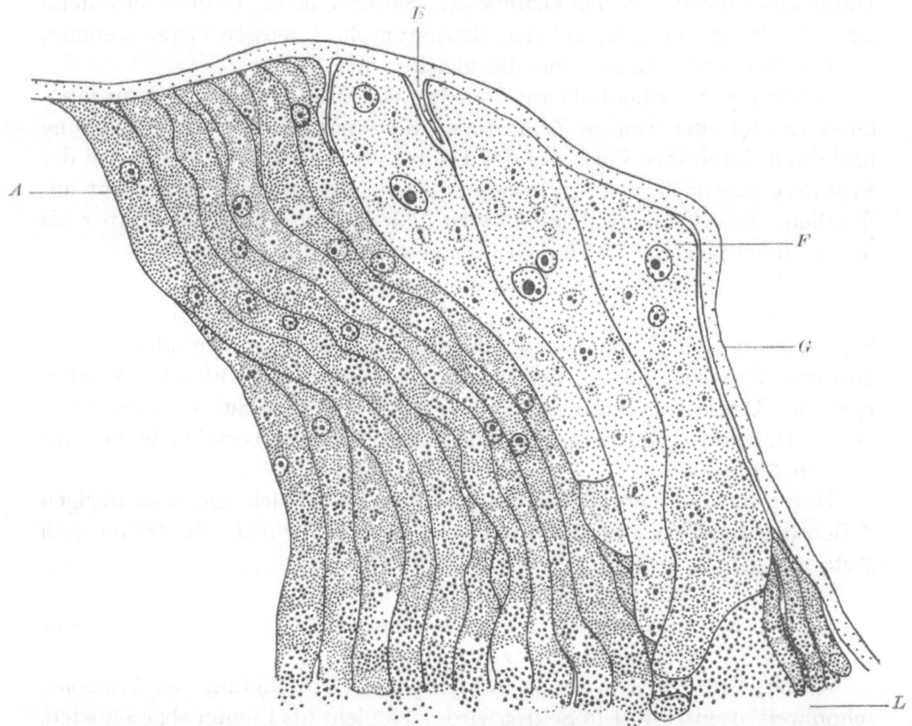

Abb. 25. Sagittalschnitt durch den oberen Epithelteil des vorderen Drüsenabschnittes. *A* Zellgruppe A, *F* Gruppe F, *L* Lumen, *G* Grenzlamelle, *B* Bindegewebe. Vergr. 1 : 800.

zu. Anfangs weit auseinander gelegen berühren sie sich zum Teil an den Zellspitzen.

Das Sekret ist zunächst schwach basophil. Der Umschlag in die Acidophilie erfolgt sehr schnell. Besonders intensiv färben sich mit KARDOS-PAPPENHEIM die großen Sekrettropfen der A-Zellen des hinteren Drittels, in dem die Spermatophore gebildet wird. Sie scheiden durch Platzen kerngroßer Vacuolen stets auf einmal eine Anzahl großer Sekrettropfen ab (s. Abb. 24 *S*). Im Laufe der Sekretionsperiode setzt eine allmähliche Degeneration der Kerne ein.

Waren diese Zellen in ersten Linie durch Sekretabsonderung an der Spermatophorenbildung beteiligt, so spielen auch die B-Zellen dabei eine gewisse Rolle. Um sie herum massieren sich allmählich die Tropfen, umgeben vollends ihre Spitze und erhärten sodann. Sie haben eine zweifache Bedeutung: sie stützen die im Entstehen begriffene Spermatophore und verhindern, daß sie sich gänzlich schließt. Dadurch nämlich, daß die Spitze des Zellkomplexes in ihr Lumen hineinragt, bleibt zur Füllung mit den Geschlechtsprodukten eine Öffnung frei.

An der Sekretabsonderung scheint diese Gruppe nicht beteiligt zu sein. Sie unterscheidet sich von ihren Nachbarzellen (die der A-Gruppe

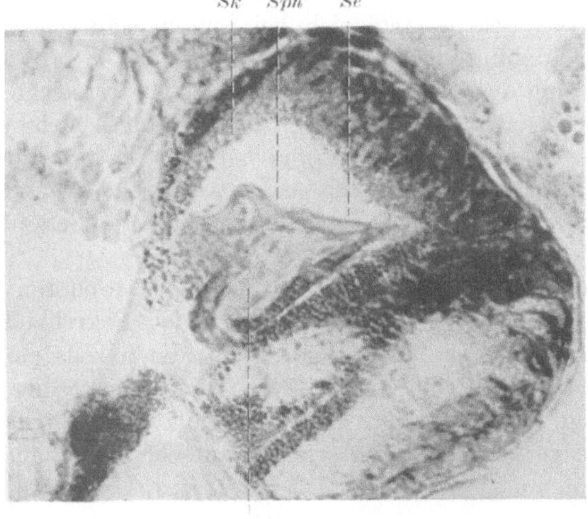

Abb. 26. Sagittalschnitt durch den hinteren, die Spermatophore bildenden Drüsenteil. *Sph* Spermatophore im Entstehen, *Sk* Sekrettropfen, *Se* bereits erhärtetes Sekret, *L* Lumen der Spermatophore. Vergr. 1 : 558.

angehören) nicht nur durch ihren äußeren Aufbau, sondern auch durch die Bildung kleiner Vacuolen, die je ein Sekretkorn enthalten, das sich mit Eisenalaun intensiv schwarz färbt. Mit solchen Vacuolen ist der ganze Zellkörper durchsetzt. Sie häufen sich apikalwärts und lassen vom Plasma dann nur noch geringe Spuren erkennen. Da es sich wahrscheinlich um Stützzellen handelt, besteht die Möglichkeit, daß das hierin gebildete Sekret zur inneren Festigung der Zellen beiträgt.

Vacuolen in den C-Zellen waren nicht zu erkennen, wohl aber zeigten sich nach HEIDENHAIN-Färbung hier und da geringe Anhäufungen von sich schwarz färbenden kleinen Sekretkörnern.

Die Vacuolenbildung der D-Zellen setzt, wie in der Abb. 24 angedeutet, erst recht spät ein. Das Plasma färbt sich mit DELAFIELDschem Hämatoxylin nicht mehr so kraß blau wie gewöhnlich, sondern es erscheint mit Orange G-Gegenfärbung blaubraun. Nach Einsetzen der Vacuolenbildung treten die großen sich regelmäßig basophil färbenden Sekrettropfen als Ballen in die apikale Zellhälfte ein.

Es hat den Anschein, daß die Vacuolen nicht platzen, sondern daß sich das letzte Ende von den Zellen abschnürte und dann als Ganzes in das Lumen eintrat.

Am Ende des Sekretionsablaufes in diesen Zellen ist der basale Zellteil leer. Es bleiben dann nur noch die Zellwände stehen, und an ihnen liegt der degenerierte Kern. Sekret in geringen Mengen befindet sich dann nur noch am äußersten Apikalende.

Der Sekretionsablauf der A-Zellen im zweiten und ersten (vorderen Drittel) ist der gleiche wie der in den dazugehörigen Zellen des hinteren Abschnittes. Das Sekret färbt sich bei weitem schwächer rot und ist nur schwach acidophil.

Die Bedeutung der Zellgruppe F konnte nicht festgelegt werden. Es kann lediglich gesagt werden, daß sich beim Adultus nicht mehr die erwähnte starke Granulation im Plasma befindet, aber dafür verhältnismäßig kleine Vacuolen in nur sehr geringer Anzahl vorhanden sind. In ihnen sind nur wenige, aber große, schwach basophile Sekrettropfen vorhanden.

Werden im hinteren Drüsendrittel die Spermatophoren gebildet, so dient das in den beiden vorderen Dritteln gebildete Sekret sicher zum Teil auch zur Verkittung der Prospermienserien, die jeweils einen Prospermienballen bilden. Von diesem Drüsenabschnitt fließt das Sekret, wie Schnitte gezeigt haben, in den Ductus ejaculatorius, wo die einzelnen Ballen geformt werden. Und hier erfolgt wahrscheinlich auch die Füllung der Spermatophore.

B. Der weibliche Genitalapparat.

1. *Lage und Verlauf.* Auch bei den weiblichen Tieren findet sich die erste Anlage bei der Protonymphe. Die Lage und der Verlauf der Organe bzw. ihrer Anlagen bleiben durch alle Stadien hindurch die gleichen:

a) Das unpaare kuglige Ovar liegt im Opisthosoma über dem Enddarm und zwischen den seitlichen Paaren der Darmblindsäcke. Bei den Nymphen ist es noch weniger umfangreich und wird auch dorsal noch von dem oberen Paar überdeckt. Beim Adultus ist es sehr voluminös und nimmt den größten Teil des Opisthosomas ein. In der Längsachse des Tieres reicht es von dem ventral abgebogenen Mitteldarmhauptrohr bis über den Hinterrand der Rectalblase hinaus, seitlich wird es von den oberen Darmaussackungen berührt und reicht dorsal bis unmittelbar unter die „Drüsenzellen mit innerer Sekretion".

b) Das sich ventral an das Ovar ansetzende Rohr dient als Uterus [ein eigentlicher Ovidukt ist nicht vorhanden (s. Abb. 28 *Ue*)]. Er verläuft bei den Nymphen zunächst schräg ventralwärts nach vorne und biegt dann um, so daß er parallel zur Bauchdecke weiter nach vorne zieht. Beim Adultus liegt er in seiner ganzen Ausdehnung parallel zur Bauchwand. Sein Verlauf neben dem Enddarm ist nicht festgelegt; er kann entweder rechts oder links neben ihm liegen. Seitlich wird er von dem ventralen Blindsackpaar berührt.

c) Zwischen der Übergangsstelle des Uterus in das Verbindungsrohr münden zwei tubulöse Drüsenpaare, die wahrscheinlich der männlichen

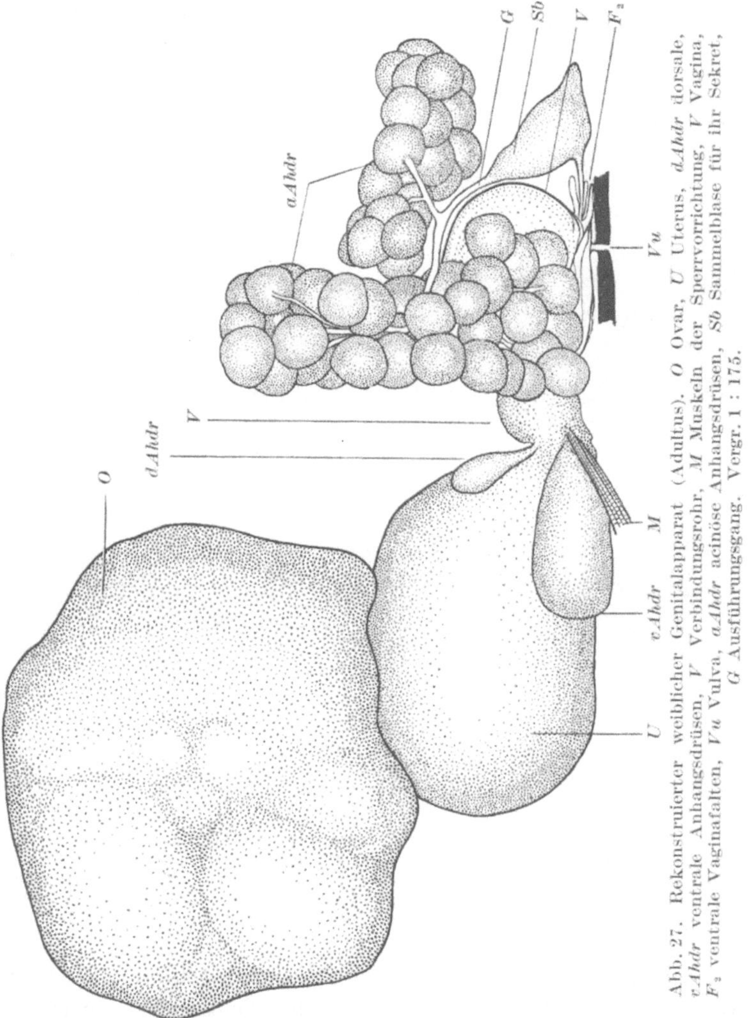

Abb. 27. Rekonstruierter weiblicher Genitalapparat (Adultus). *O* Ovar, *U* Uterus, *dAhdr* dorsale, *cAhdr* ventrale Anhangsdrüsen, *V* Verbindungsrohr, *M* Muskeln der Sperrvorrichtung, *V* Vagina, F_2 ventrale Vaginafalten, *Vu* Vulva, *aAhdr* acinöse Anhangsdrüsen, *Sb* Sammelblase für ihr Sekret, *G* Ausführungsgang. Vergr. 1 : 175.

Anhangsdrüse homolog sind, da alle diese Drüsen hinter der chitinigen Auskleidung des Geschlechtsapparates liegen. Das eine Paar liegt dorsal etwas schräg kaudal-rostralwärts und hat die Gestalt einer länglichen Birne, das andere liegt ventral, gerade kaudal-rostralwärts gerichtet und hat die Form eines kurzen, gleichmäßigen Schlauches.

Bei den Nymphen tritt die Anlage dieses Drüsenpaares noch nicht in Erscheinung. Allerdings sind schon bei der Deutonymphe besondere Zellen, die gleich hinter der Ringmuskulatur liegen (s. Abb. 30 *Ad*), etwas schräg nach vorne gerichtet, wie günstige Schnittbilder erkennen lassen.

d) Bei den Adulti ist zwischen Vagina und Uterus ein ähnliches Verbindungsrohr mit Ventilklappe ausgebildet, wie es YALVAÇ (1939, S. 571

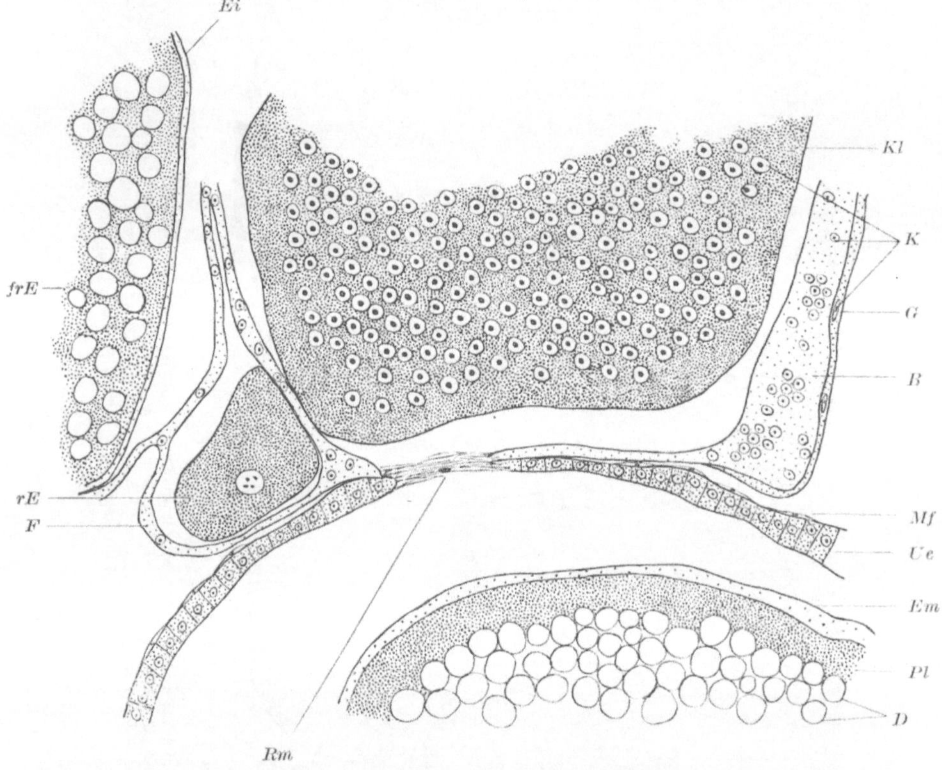

Abb. 28. Sagittalschnitt durch Ovar und Uterus eines Adultus.
G Grenzlamelle, *B* Bindegewebe, *Kl* Keimlager, *F* Follikel, *rE* reifendes Ei, *frE* fast reifes Ei, im hinteren Ovaranteil liegend, *Ei* Eimembran, *K* Kerne, *Rm* Ringmuskulatur zwischen Ovar und Uterus, *Ue* Uterusepithel, *Mf* Muskelfasern, *Em* Eimembran, *Pl* Plasma, *D* Dotterschollen. Vergr. 1 : 366.

u. 572 u. 1940, S. 312) für *Hyalomma* und *Ixodes* beschreibt. Es setzt sich unmittelbar an den Uterus an und nimmt den gleichen Verlauf wie dieser.

In seiner hinteren Hälfte befindet sich eine Ventilklappe, die außen von einer starken Ringmuskulatur umgeben ist. Klappe und Rohr sind beim Adultus chitinig, bei den Jugendstadien fehlt noch die chitinige Auskleidung. Wohl aber finden sich hier schon Anhaltspunkte für ihre Lage. Beim Adultus wird sie, wie erwähnt, von einer Ringmuskelschicht umgeben; diese ist schon an der gleichen Stelle vorhanden (s. Abb. 30 *Rm*).

e) Das Verbindungsrohr mündet in die Vagina. Sie besteht in der Anlage aus einem kegligen Zellgebilde, dessen basale Platte auf der Hypodermis steht. Dorsal setzt seitlich je ein Bündel zarter quergestreifter Muskeln an (s. Abb. 31); einige der vorderen Muskelfasern verlaufen an der rostralwärts gerichteten Kegelwand entlang und reichen bis zu der Basis der Vaginaanlage.

Beim Adultus erweitert sich das Verbindungsrohr allmählich nach vorne und geht in den kugeligen Vaginalraum über. Zwischen Verbindungsrohr und Vaginalraum ist dorsal eine senkrecht stehende Chitinfalte von besonderer Bedeutung (s. unten) ausgebildet.

Die Vagina, schon auf Totalpräparaten wegen ihrer dicken Chitinauskleidung gut sichtbar (s. Abb. 34 V), liegt zwischen dem 3. und 4. Beinpaar.

f) Mitten im Körper liegen jederseits über dem Vaginalraum bzw. seiner Anlage in der Deutonymphe zwei mächtige acinöse Drüsen, die erst im adulten Weibchen zur Entfaltung kommen. An einer jeden lassen sich zwei deutlich sichtbare Hauptstämme verfolgen.

Der vordere liegt dem hinteren Drittel der Seiten des Unterschlundganglions auf. Dieser Teil wird dorsal von dem darüberliegenden jeweiligen vorderen Darmblindsack gestreift.

Die Acini der beiden hinteren Stämme stehen eng zu einer Säule zusammengedrängt senkrecht auf den Seiten des Vaginalraumes. Diese Säule reicht etwa von der Mitte bis kurz hinter die Ansatzstelle des Verbindungsrohres an die Vagina. Ihre Hauptmasse befindet sich seitlich der vom Endosterniten ausgehenden Dorsoventralmuskulatur. Die dorsalen Acini reichen bis unter diese Sehnenplatte.

Der Ausführungsgang verläuft in enger Anlehnung an die Rundung des Vaginalraumes rostralwärts nach unten. Der von den Acini des vorderen Drüsenteils ausgehende Gang zieht kaudalwärts und vereinigt sich in der Nähe des oberen Abschnittes der nach vorne gerichteten Vaginawand. Der gemeinsame Hauptausführungsgang zieht nun fast senkrecht nach unten, bildet unter dem Hinterrande des Unterschlundganglions jeweils eine größere Sammelblase und macht sodann einen scharfen Knick nach hinten und mündet schließlich zwischen dem Faltensystem F_2 seitlich in die Vagina ein.

g) Die Genitalöffnung, die Vulva, liegt als schmale Querfalte ziemlich weit hinten (s. Abb. 34 Vu), etwa zwischen dem rechten und linken Vorderrand der Coxa IV.

h) Ein dreieckiger, rostral spitz ausgezogener Genitaldeckel befindet sich über der Öffnung und überdeckt fast die ganze Fläche, die die Vagina in ventraler Aufsicht auf Totalpräparaten einnimmt (s. Abb. 34 G).

2. *Der Bau der Organe.* a) Eine dünne Grenzlamelle mit eingestreuten ellipsoiden Kernen bildet die äußere Umhüllung des Ovars. Darunter liegt ein follikelbildendes Bindegewebe mit zahlreichen runden Kernen

(Netzknotenkernen), die einen kleinen acidophilen Nucleolus besitzen (s. Abb. 28 *G* u. Abb. 29 *G*). Das Bindegewebe ist bei den Nymphen nur schwach, bei den Adulti sehr gut ausgebildet.

Bei Proto- und Deutonymphe besteht die ganze kugelige Ovaranlage aus Keimzellen, zwischen denen nur an der Peripherie spärliches Bindegewebe vorkommt. Nur im hinteren Teile liegt eine Schicht bevorzugter Zellen, die zuerst zur Reife kommen (s. Abb. 29 *Zk*). Diese sind hier durchweg etwas größer, besonders nach hinten zu. In einigen dieser Eier

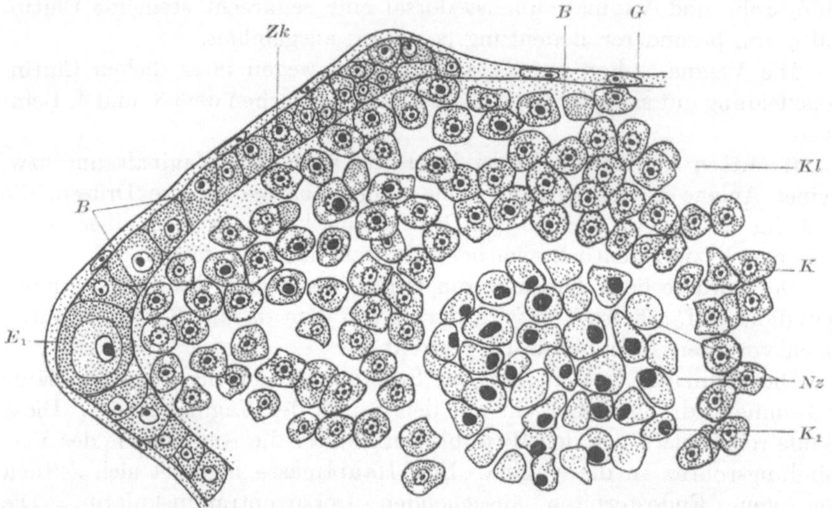

Abb. 29. Sagittalschnitt durch die Ovaranlage einer Deutonymphe. *G* Grenzlamelle, *B* follikelbildendes Bindegewebe, *Kl* Keimlager, *Zk* Zone der zuerst zur Reife gelangenden Eizellen, E_1 das erste heranreifende Ei mit zentraler Vacuole, *Nz* Nährzellen mit K_1 degenerierten Kernen, *K* Kerne. Vergr. 1 : 800.

findet sich der Beginn der Dotterbildung (peripher liegendes Plasma, eine zentrale Vacuole mit reichlichem Inhalt und Zellkern, meist schon ohne Chromatinkörner (s. Abb. 29 E_1). Zwischen den Keimzellen, bei denen im Plasma bereits geringe Andeutungen einer einsetzenden Vacuolenbildung vorhanden sind, liegen in kleinen Kugeln zusammengetretene, sich hell färbende Zellen. Sie sind plasmaarm und haben einen sich in Auflösung befindenden Kern. Bei diesen Zellen handelt es sich um Nährzellen.

Beim Adultus liegt das Keimplasma zunächst noch als Kugel im vorderen Teile des Ovars. Im Laufe der Eiproduktion nimmt es zusehends an Umfang ab und wird mehr und mehr halbkuglig. Die älteren Oozyten und fast ausgereiften Eier liegen im hinteren Teile des Ovars und füllen diesen Teil so prall an, daß er sich weit nach hinten ausbuchtet. Die Absonderung der zur Reife frei werdenden Oozyten erfolgt immer in kaudaler Richtung.

Über die Verhältnisse in Bezug auf die Eireifungsstadien ist nichts Besonderes zu vermerken, sie stimmen völlig mit den Angaben und der Abbildung von U. Schmidt (s. Abb. 50, S. 168) über *Eylais extendens* überein.

b) Die aus drüsigen Zellen bestehende Uterusanlage hat bei der Protonymphe noch kein Lumen; dieses wird erst bei der Deutonymphe, und zwar nur im vorderen Teile als schmaler Spalt sichtbar. Auch die jungen Adulti haben im Uterus noch kein deutlich erkennbares Lumen, da er vorne einmal längs eingefaltet ist und die langen drüsigen Zellsäulen infolge Plasmareichtums einander apical berühren.

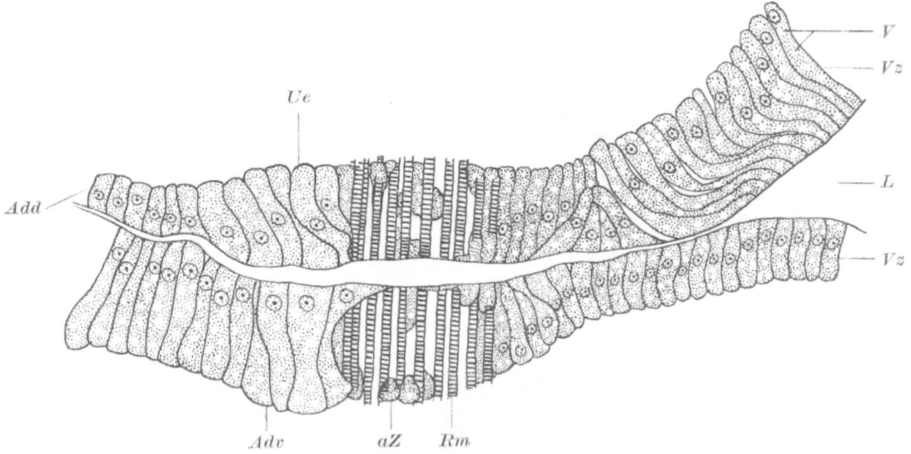

Abb. 30. Sagittalschnitt durch einen Teil der Genitalanlage von einer weiblichen Deutonymphe. *Ue* Uterusepithelzellen, *Add* Anlage der dorsalen tubulösen, *Adv* der ventralen tubulösen Anhangsdrüsen, *Rm* Ringmuskulatur, *aZ* angeschnittene Epithelzellen, *Vz* Zellen der Vaginalanlage, *L* Lumen, *K* Kerne, *V* Vacuolen. Vergr. 1 : 800.

Bei älteren Tieren passiert laufend ein Ei nach dem anderen den Uterus, und die Drüsenzellen erschlaffen sehr bald. Sie werden dann würfelförmig, und ihr zunächst basal gelegener Kern mit seinem runden acidophilen Nucleolus und den zahlreichen Chromatinkörnern liegt dann mehr oder weniger zentral. Der so gefüllte Uterus hat sodann die Form eines Hühnereies.

Das Epithel wird außen von einer Muskelfaserschicht umkleidet. Ihre Zellkerne sind ellipsoid.

An der Verbindungsstelle von Ovar und Uterus ist sie sehr stark und umgibt ringartig den ventralen Teil des Ovars. Sie kontrahiert sich gänzlich und läßt keinen Zwischenraum erkennen, wenn der Uterus gefüllt ist. Infolge Erschlaffens und Zusammenziehens bewirkt sie das allmähliche Übertreten des Eies in den Uterus, wenn dieser geleert ist.

c) Die birnenförmige dorsale Anhangsdrüse wird außen von einer relativ breiten Grenzlamelle, in die ellipsoide Kerne eingelagert sind, umhüllt. Die Zellen sind sehr lang und schräg zur Drüsenöffnung gerichtet. Große ovale Kerne mit vielen Chromatinkörnern (Netzknotenkerne) und einem acidophilen Nucleolus liegen in der basalen Zellhälfte. Die Vacuolenbildung dieses Drüsenpaares ist bei weitem intensiver als die des ventralen.

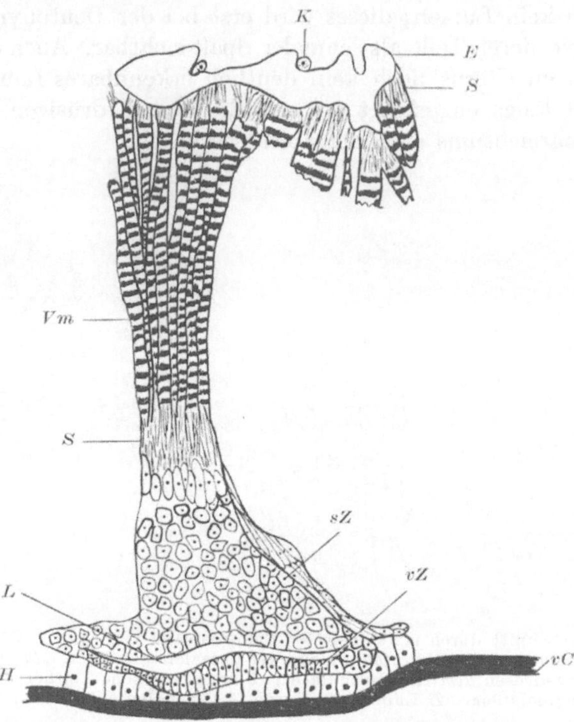

Abb. 31. Sagittalschnitt durch Vaginalanlage, Vaginamuskeln und Endosterniten.
sZ senkrecht ins Lumen hineinragende Zellen der Vaginalanlage, vZ die die Ventralplatte bildenden kurzen Zellen, L Lumen, Vm Vaginamuskeln, Mz Muskelzellen, S Sehnen, E Endosternit mit K Kernen, H Hypodermis, vC ventrale Cuticula. Vergr. 1 : 407.

Die Zellen des ventralen Paares sind breiter als lang. Sie sind viel plasmareicher als die ersteren. Zentral liegt der Kern, der die gleichen Verhältnisse aufweist wie die des dorsalen Paares.

d) WINKLER spricht (1888, S. 33) in seiner anatomischen Gamasidenuntersuchung von „großen Chitindornen" in der Vaginalhöhle, die zur Festhaltung des Spermaballens dienen sollen. Erst YALVAÇ konnte feststellen, daß sich bei den *Ixodiden* ein Rohr von besonderem Bau befindet, das er als „Verbindungsrohr" bezeichnet. In ihm liegt zur Vagina hin eine besondere Klappe, die er „Ventilklappe" nennt.

Auch *P. kempersi* besitzt dieses Verbindungsrohr, und es ist anzunehmen, daß es sich auch bei anderen Arten wiederfindet, zumal es

WINKLER bei den von ihm untersuchten Arten ohne seine Bedeutung zu erkennen eingezeichnet, aber falsch gedeutet hat.

Es erreicht nicht ganz die Länge des Durchmessers der Vagina. Gebildet wird es von dem sie auskleidenden Chitin. Auf Frontalschnitten (s. Abb. 32 *Spa*) ist sehr schön eine seitlich vom Vorderrande der Vagina abzweigende starke Falte zu erkennen, die nach hinten zieht und sich in Höhe der Coxa III verbreiternd in tiefe Falten legt. Die distalen Enden sind äußerst fein und zahlreich gefältet. Sie versperren die Einmündung in das Verbindungsrohr und umklammern gleichzeitig die Ventilklappe.

Auch aus kaudaler Richtung kommend finden wir eine mediane Faltung mit verstärkten Längsleisten ventral gelegen und je eine seitliche etwas höhere. Letztere ist durch Muskeln beweglich. Ihre Falten umgreifen die Ventilklappe.

An dieser Stelle sei darauf hingewiesen, daß ähnliche Bildungen auch bei Zecken vorkommen.

Eine Ringmuskulatur aus starken quergestreiften Einzelmuskeln umgibt diesen Teil des Verbindungsrohres.

Wie vorhin bemerkt, liegt unterhalb der Stelle, die außen

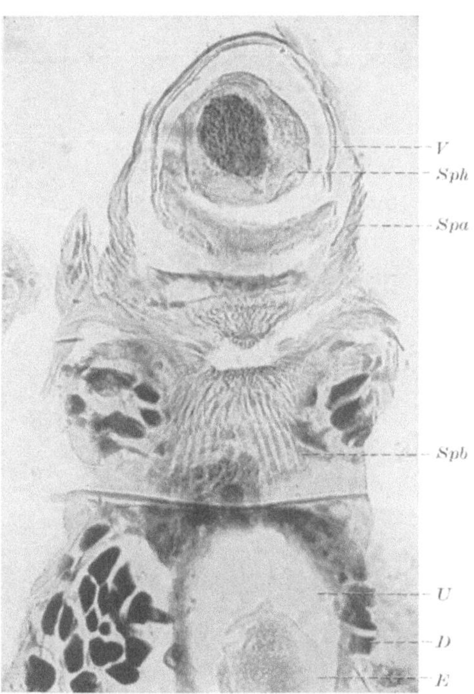

Abb. 32. Frontalschnitt durch die Sperrvorrichtung im Verbindungsrohr eines Adultus. *Spa* von vorne kommende, *Spb* von hinten kommende Sperrfalten, *V* Vagina, *Sph* Spermatophore, *U* Uterus, *E* Ei, *Dz* Drüsenzellen mit innerer Sekretion. Vergr. 1 : 486.

von einer Ringmuskulatur umgeben wird, eine Ventilklappe im Verbindungsrohr (s. Abb. 33 *Vk*).

Sie besteht aus zwei Teilen, einem dorsalen, etwa nierenförmigen und einem ventralen, etwa kegelförmigen, hinter dem kaudalwärts noch eine kleine knopfähnliche Erhöhung liegt (s. Abb. 33).

Die Ausbildung dieser Vorrichtung ist von besonderer Bedeutung, wenn man den kegelförmigen Sockel und den wuchtigen darüber liegenden Deckel mit seiner auf der Kegelspitze ruhenden Delle betrachtet. Die Zweiteilung in feststehenden Sockel und beweglichen Deckel, der, wie wir sehen werden, aufs engste mit einer besonderen Hebelvorrichtung verbunden ist, läßt auf seine Beweglichkeit schließen.

Wir können noch ein weiteres beobachten. Die Einwölbung befindet sich nicht in der Mitte, sondern etwas davor, so daß der Schwerpunkt

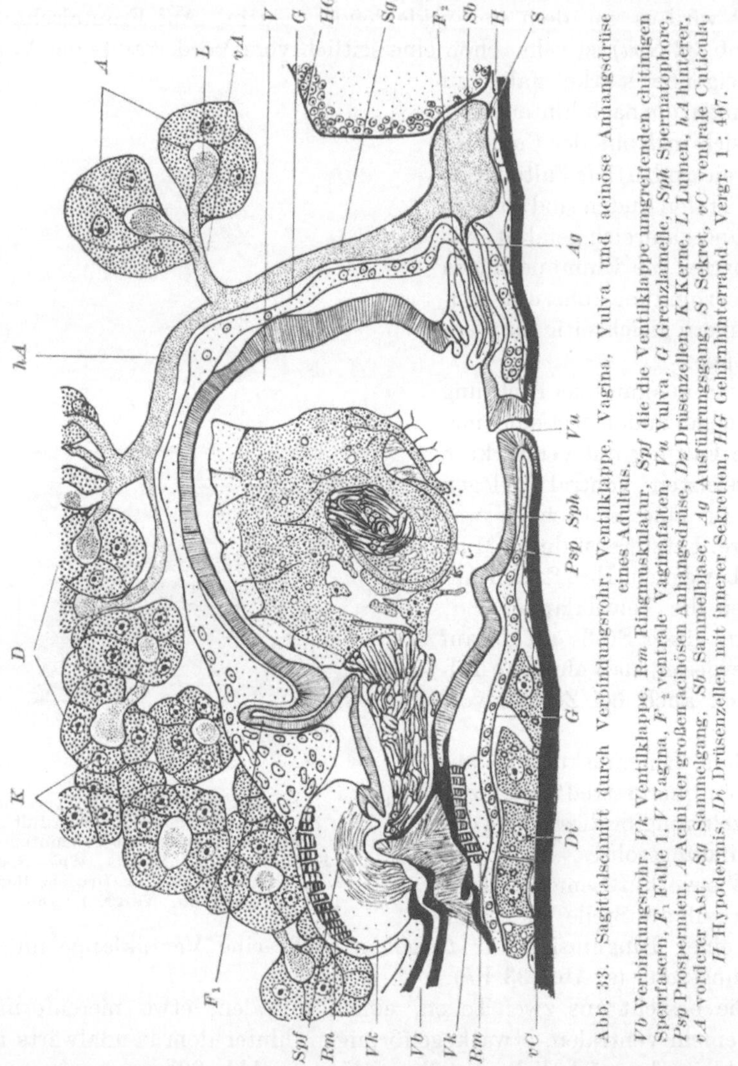

Abb. 33. Sagittalschnitt durch Verbindungsrohr, Ventilklappe, Vagina, Vulva und acinöse Anhangsdrüse eines Adultus.

Vb Verbindungsrohr, *Vk* Ventilklappe, *Rm* Ringmuskulatur, *Spf* die die Ventilklappe umgreifenden chitinigen Sperrfasern, *F₁* Falte 1, *V* Vagina, *F'₂* ventrale Vaginafalten, *Vu* Vulva, *G* Grenzlamelle, *Sph* Spermatophore, *Psp* Prospermien, *A* Acini der großen acinösen Anhangsdrüse, *Dz* Drüsenzellen, *K* Kerne, *L* Lumen, *hA* hinterer, *vA* vorderer Ast, *Sg* Sammelgang, *Sb* Sammelblase, *Ag* Ausführungsgang, *S* Sekret, *vC* ventrale Cuticula, *H* Hypodermis, *Di* Drüsenzellen mit innerer Sekretion, *HG* Gehirnhinterrand. Vergr. 1 : 407.

des Deckels ein wenig nach vorne verschoben ist. Dadurch kommt in der Ruhestellung ein automatischer Verschluß zustande.

Wie kommt nun die Bewegung des Deckels zustande? An der kaudalen Hemisphärenwand der Vagina verjüngt sich die chitinige Auskleidung und geht in das Verbindungsrohr über. Es setzt sich an dem oberen Vorderrand des Deckels an. Davor ist eine große Falte (s. Abb. 33 *F₁*) eingeschaltet. Das Chitin ist am Hinterrande der Vagina auffällig verdickt. Wie wir bereits oben gesehen haben und noch einmal bei der Besprechung der Vagina feststellen werden, befindet sich über dieser Stelle seitlich das Paar der dorsoventralen Vaginamuskeln. Bei Kontraktion dieser Muskeln wird der hintere Teil des Ventils in dorsaler Richtung aufgeklappt und so der Weg für das austretende Ei — oder auch für die eintretenden Spermatozoen? — frei gemacht. Durch Streckung der Muskeln wird sein hinterer Teil wieder ventral zurückgeklappt und dafür der vordere angehoben. Es ist denkbar, daß durch stete Fortsetzung dieses Vorganges das Ei allmählich in die Vagina gleitet.

WINKLER hat nun Tiere fixieren können, bei denen das reife Ei im Begriffe war, aus dem Ovar in den „Oviduct" zu gelangen (s. Abb. 34). Das Ei streckt sich bei seinem Eintritt in den engen Oviduct und gleitet so allmählich in den Uterus.

Dieser Weg ist wohl auch bei dem Durchtritt der Eier aus dem Uterus durch das Verbindungsrohr in die Vagina beschritten, zumal sie äußerst weich zu sein scheinen, da sie nur eine zarte Membran besitzen und im Uterus anscheinend einen sehr kurzen Abschnitt ihrer Entwicklung durchmachen. Irgendwelche Differenzierungen von Extremitäten, wie sie WINKLER gesehen hat, habe ich in ihnen nicht feststellen können.

e) Die Vaginalanlage bei den Nymphen besteht aus langen, mit kleinen Vacuolen durchsetzten Zellen, die senkrecht in das sich bei der Deutonymphe schlitzförmig darbietende Lumen, das der Protonymphe noch fehlt, hineinragen. Die die Basalplatte bildenden Zellen sind kleiner. Die Kerne liegen in der basalen Zellhälfte und weisen keine Besonderheiten auf.

Infolge Durchbruches der Geschlechtsöffnung ist die Vagina, besser gesagt der Vaginalraum, der gleichzeitig als Receptaculum seminis dient, chitinisiert. Das Chitin stammt von Ektostracum und zeigt auch schon ohne Spezialfärbung die typische Längsstreifung. An seiner vorderen Seite befinden sich ventral an der vorderen Vaginawand und dorsal über der Vulva kleine Falten, die wohl bei der Aufnahme der Spermatophore eine Dehnung bewirken. Die äußere Umkleidung der Vagina bildet ebenfalls eine Grenzlamelle. Dorsal ziehen die Vaginamuskeln zum Endosterniten.

f) Die von vorne kommende und in die Vagina einmündende acinöse Anhangsdrüse ist bislang noch nicht festgestellt worden. Es läßt sich auch nicht sagen, ob eine ähnliche bislang überhaupt bei den *Parasitiformes* gefunden bzw. richtig gedeutet ist.

Die erste Anlage tritt uns bei den Deutonymphen als schmaler Zellstreifen, der dem hinteren Ast angehört, entgegen. Acinöse Differenzierungen sind ebensowenig zu erkennen wie der Beginn einer Vacuolenbildung, wie es bei der tubulösen Anhangsdrüsenanlage der männlichen Deutonymphe der Fall ist.

Bei den Adulti sind die Zellen verhältnismäßig groß und stark plasmahaltig. Ihr zentral gelegener Kern enthält einen acidophilen Nucleolus, die Lage seiner zahlreichen Chromatinkörner läßt auf einen Netzknotenkern schließen.

Die Zellen treten zu einzelnen Acini zusammen, die ein kugliges Lumen, das fast den doppelten Kerndurchmesser erreicht, aufweisen. Hierin befindet sich meist eine kuglige Sekretmasse, die es fast vollkommen ausfüllt. Das reife Sekret ist stark acidophil, es färbt sich mit

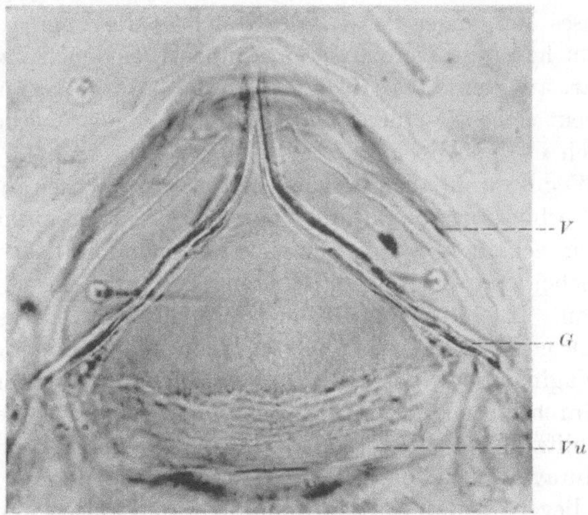

Abb. 34. Genitaldeckel in Aufsicht. *G* Genitaldeckel, *Vu* Vulva, *V* durchscheinende Vagina.
Vergr. 1 : 126.

Eosin rosa, mit Orange G intensiv gelb und mit Carbolthionin stark blau. Das von sehr kleinen Vacuolen gebildete Sekret ist anfangs basophil und körnelig. Im Laufe der Reifung erfolgt der Reaktionsumschlag zur Acidophilität.

Es hat anscheinend die Funktion, die Sekrethülle der Spermatophore aufzulösen; denn auf Schnitten mit Thioninfärbung findet es sich regelmäßig in bläulichen, radiär von der Peripherie ausgehenden Farbstreifen wieder, wogegen sich das übrige, die Hülle der Spermatophore bildende Sekret immer rosa bis rot färbt.

g) Die Vulva wird von einem verhältnismäßig glatten und geraden Querspalt gebildet, der aus zwei Teilen, der rostral gelegenen Oberlippe (Apron) und der kaudalen Unterlippe besteht (s. Abb. 33 *Vu*).

XVIII. Entomophthoraceen im Körper einer Protonymphe.

Bei einer einzigen Protonymphe unter den mehreren hundert angefertigten Schnittserien aller Stadien wurden verhältnismäßig große Mikroorganismen festgestellt.

Sie lagen vor allen Dingen im Opisthosoma zwischen Cuticula und Darm und Ovaranlage und Darm sowie im Propodosoma vereinzelt zwischen Cuticula und Dorsoventralmuskulatur und Darm und Gehirn.

In ihrer Größe weichen sie erheblich von den von E. MUDROW und anderen Autoren beschriebenen Symbionten ab. Ihre Länge beträgt 16,6 μ bis 21,6 μ und ihre Breite 3,32 μ. Sie sind schlauchförmig, enthalten reichlich Plasma, in dem mehrere helle Höfe, die jeweils ein sich dunkel färbendes Kernchen besitzen, vorhanden sind. Sie scheinen sich durch Querteilung zu vermehren.

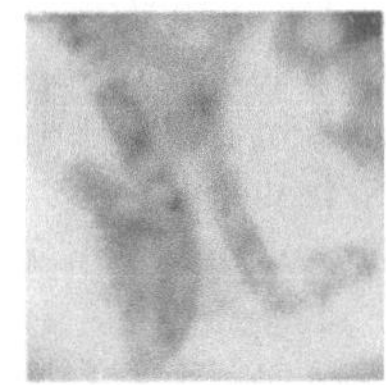

Abb. 35. In der Leibeshöhle einer Protonymphe gefundene Entomophthoraceen. Vergr. 1 : 1000.

Ihrem Aussehen, besonders der Kerngröße nach handelt es sich höchstwahrscheinlich um ein Entwicklungsstadium einer Art aus der Familie der Entomophthoraceen[1]. Sie stimmen demnach am meisten mit jenen in *Pieris brassicae*-Raupen und in Musciden gefundenen parasitischen Pilzen, die zu dieser Familie gehören, überein. Die Abb. 35 zeigt einige solche Individuen aus *P. kempersi*.

Zusammenfassung.

Es wurde der Aufbau der Chitinstrukturen in der Cuticula beschrieben. Die Verhältnisse stimmen fast ganz mit den bei den Ixodiden festgestellten überein.

Die kennzeichnende Subcoxa der Trilobiten und Ixodidea konnte auch bei einigen Mesostigmata gefunden werden. Die Coxenanhänge der Thomiside *Xysticus erraticus* entsprechen offenbar ebenfalls diesem Glied, so daß mit einer weiteren Verbreitung der rückgebildeten Subcoxa unter den Spinnentieren gerechnet werden kann.

Die bei Parasitiden verbreitete Scheinsegmentierung der Beine stimmt mit jener der Metastriaten überein.

Es wurden „die morphologischen Auswirkungen, die durch die Abgliederung des Gnathosomas vom Cephalothorax entstehen", untersucht, wobei dem Plan nach eine völlige Übereinstimmung der Verhältnisse zwischen Ixodiden und Parasitiden festgestellt werden konnte.

Der feinere Bau von Stigma und Peritrema wurde aufgezeigt.

Als neu wurden besondere die Genitalorgane versorgende Muskeln beschrieben. — Am vorspringenden Karapaxanteil des Gnathosoma inserieren Muskeln. — Die Insertionsmodi der einzelnen Muskelzüge stimmen mit den für die Ixodiden bekannten überein.

Das Nervensystem wurde untersucht; zum Teil konnte nachgewiesen werden, das an der Zusammensetzung der einzelnen Stränge Ober- und Unterschlundganglienanteile beteiligt sind. Die Gehirngrößen wurden gemessen und mit dem Körpervolumen verglichen.

---

[1] An dieser Stelle möchte ich Herrn Prof. BAUCH bestens für die Bestimmung des Pilzes danken.

Im Darm befinden sich drei verschiedene Zellgruppen. Damit sind bei der vorliegenden Art die gleichen Verhältnisse gegeben, wie sie von der Zeckengattung *Ixodes* bekannt sind.

Ein Netz feiner sich um das Darmrohr spinnender Muskelfasern konnte nachgewiesen werden.

Im Chelizerenschaft befindet sich eine tubulöse Drüse, die mittels eines langen Ganges an der Tibia ausmündet. MILLOT beschreibt gleiche Drüsen bei verschiedenen Arachniden.

Im Propodosoma liegt dorsal ein Speicheldrüsenpaar. In jeder der großen polygonalen Zellen tritt im Laufe der Sekretbildung eine Binnenblase auf. Die einzelnen Ausführungsgänge einer jeden Zelle vereinigen sich vor der Oberlippe zu einem neben ihr ausmündenden Hauptausführungsgang. Im übrigen liegen in Bezug auf den Gang und den Verschlußmechanismus die gleichen Verhältnisse vor, wie sie BERTRAM von der Zecke *Ornithodoros* beschrieben hat.

Ebenfalls im Propodosoma liegt weiter ventral ein Speicheldrüsenpaar vor dem Gehirn. Jede der Zellen besitzt eine intrazelluläre Kapillare, die sich als langer dünner Gang vor einem kurzen Hauptausführungsgang mit den anderen vereinigt. Im Gegensatz zu den dorsalen Speicheldrüsenzellen fehlt ihnen die Binnenblase, und es werden hier weniger, jedoch größere Vacuolen gebildet.

Als Drüsenzellen mit innerer Sekretion wurden beim Weibchen große polygonale, direkt unter der Cuticula liegende Zellen aufgefaßt. Es handelt sich bei ihnen um umgebildete Hypodermiszellen.

Nephrozyten, wie sie bisher von anderen Arachnomorphen bekannt waren, wurden nunmehr auch bei einem Vertreter der *Mesostigmata* aufgefunden. Sie liegen im Propodosoma.

Im Exkretionssystem wurde ein kurzes hinter der Rectalblase gelegenes Rohr festgestellt, das durch Faltenbildung des eingestülpten Chitins zustande kommt. Die Exkretionsprodukte sind ausschließlich Guaninkristalle.

Im Rahmen der Untersuchungen über die Genitalorgane wurde vornehmlich ihre Entwicklung durch die einzelnen Stadien verfolgt. — Beim männlichen Adultus liegt an der Geschlechtsöffnung ein besonderer Verschlußmechanismus. Eine große unpaare tubulöse Anhangsdrüse wurde als Spermatophorenbildnerin beschrieben; in ihrem Vorderteil wird Sekret gebildet, das die einzelnen Prospermienserien zu Ballen verkittet. Es befinden sich in ihr sechs Zellgruppen, die wahrscheinlich mehr oder weniger als Funktionsgruppen aufzufassen sind. — Beim weiblichen Adultus wurde ein Verbindungsrohr mit Ventilklappe und Sperrfalten gefunden und ihr Mechanismus gedeutet. Ähnliche Ausbildungen wurden erst kürzlich für die Zeckengattung *Ixodes* beschrieben. — Schließlich wurde eine große acinöse Anhangsdrüse festgestellt, die von vorne kommend in den unteren Vaginateil einmündet.

In einer Protonymphe wurden Entwicklungsstadien einer Entomophthoracee angetroffen.

Auf Grund einer Reihe übereinstimmender bedeutsamer Merkmale wie der fast gleichen Ausbildung der Chitinstrukturen, des Vorhandenseins der Subcoxa, der Scheinsegmentierung der Beine, des übereinstimmenden Aufbaues des Capitulums, der Muskulatur mit den gleichen Insertionsmodi, der Zusammensetzung des Darmes aus denselben Zellgruppen, der gleichen Nahrungsaufnahme, der Chelizerendrüse, der Nephrozyten, des Exkretionsorganes und seiner Produkte und beim Genitalapparat des Verbindungsrohres und der Ventilklappe ist eine Zusammengehörigkeit der *Ixodidea* und der *Parasitidae* so gut wie erwiesen; eine Trennung, wie sie OUDEMANS vorgenommen hat, muß daher abgelehnt werden.

Literaturverzeichnis.

Beier, M.: *Pseudoscorpionides.* In Kükenthal: Handbuch der Zoologie. Berlin u. Leipzig 1932. — **Berlese, A.:** Monographia del genere Gamasus Latr., Redia, Tomo 3. 1906. — **Bertram, D. S.:** The structure of the Capitulum in *Ornithodoros*; a contribution to the study of the feeding mechanism in Ticks. Ann. trop. Med. 33 (1939). **Bruntz, L.:** Contribution à l'étude de l'excrétion chez les Arthropodes. Archives de Biol. 20 (1904). — **Buchner, P.:** Tier und Pflanze in Symbiose. Berlin 1930. — **Buxton, B. H.:** Coxal glands of the Arachnids. Zool. Jb., (Suppl.) 14, 2 (1913). — **Grandjean, F.:** Observations sur les Acariens, III. s.. Bull. du Muséum, II. s., 8, 1936. — **Haller, G.:** Die Mundteile und systematische Stellung der Milben. Zool. Anz. 4 (1881). — **Kästner, A.:** *Ricinulei.* In Kükenthal: Handbuch der Zoologie. Berlin u. Leipzig 1932. — *Pedipalpi.* In Kükenthal: Handbuch der Zoologie. Berlin u. Leipzig 1932. — *Solifugae.* In Kükenthal: Handbuch der Zoologie. Berlin u. Leipzig 1933. — *Opiliones.* In Kükenthal: Handbuch der Zoologie. Berlin u. Leipzig 1935. — **Kästner, A.** u. **U. Gerhardt:** *Araneae verae.* In Kükenthal: Handbuch der Zoologie. Berlin u. Leipzig 1937. — **Kowalevski, Al.:** Une nouvelle glande lymphatique chez le Scorpion d'Europe. Mém. Acad. Sci. St. Pétersbourg, VIII. s. 5 (1897). — **Kramer, C.:** Zur Naturgeschichte einiger Gattungen aus der Familie der Gamasiden. Arch. Naturgesch. 42, 1. u. 2 (1876). — **Krause, R.:** Enzyklopädie der mikroskopischen Technik, Bd. 2. 1926. — **Krüger, K.:** Die Doppel-Schrägstreifung bei den Muskelfasern der Zecken (*Ixodidae*). Z. Zool. 147 (1935). — **Künßberg, K. v.:** Eine Antikoagulindrüse bei Zecken. Zool. Anz. 38 (1911). — **Michael, A. D.:** On the variations in the internal anatomy of *Gamasinae*. Trans. Linn. Soc. Lond. (Zool.), II. s. 5 (1892). — The internal anatomy of *Bdella*. Trans. Linn. Soc. Lond. (Zool.), II. s. 6 (1894—1896). — **Millot, M. J.:** Sur la glande céphalothorarique d'une Araignée (*Scythodes thoracica* Latr.). C. r. Acad. Sci. Paris 1929. — Le tissu réticulé du céphalothorax des Aranéides et ses dérives: Néphrocytes et cellules endocrines. Archives Anat. microsc. 26 (1930). — Les Glandes venimeuses des Aranéides. Ann Sci. natur., Ser. Bot. et Zool. 14, Fasc. I (1931). — La Glande venimeuse de *Plecteurys tristis* E. Sim. Bull. Soc. zool. France 60 (1935). — **Mudrow, E.:** Über intracelluläre Symbionten der Zecken. Z. f. Parasitenkde 5, H. 1 (1932). — **Neumann, L. G.:** *Ixodidae.* In: Das Tierreich, 26. Liefg. Berlin 1911. — **Nordenskiöld, R.:** Zur Anatomie und Histologie von *Ixodes reduvius*. Zool. Anz. 25 (1908); 27 (1909). — **Oudemans, A. C.:** New list of Dutsch Acari, II. Tijdschr. Entomol. 44/45 (1901/02). — Mededeelinge. Tijdschr. Entomol. 80 (1937). — Die Stellung

Koenenia und *Sternathron* im System und die Aufteilung der Gruppe Acari. Zool. Anz. **131** (1940). — **Reichenow, E.**: Intracelluläre Symbionten bei blutsaugenden Milben und Egeln. Arch. Protistenkde **1922**. — **Robinson, L. E.** and **D. E. Davidson**: The anatomy of *Argas persicus*. Parasitology **6** (1913/14). — **Roesler, R.**: Histologische, physiologische und serologische Untersuchungen über die Verdauung bei der Zeckengattung *Ixodes* Latr. Z. Morph. u. Ökol. Tiere **28** (1935). — **Roewer, C. Fr.**: *Solifugae, Palpigradi*. In Bronn: Klassen und Ordnungen des Tierreichs. Leipzig 1932. — **Romeis, B.**: Taschenbuch der mikroskopischen Technik, 13. Aufl. 1932. **Ruser, M.**: Beiträge zur Kenntnis des Chitins und der Muskulatur der Zecken (*Ixodidae*). Z. Morph. u. Ökol. Tiere **27** (1933). — **Samson, K.**: Zur Anatomie und Biologie von *Ixodes ricinus* L. Z. Zool. **93** (1909). — **Schmidt, U.**: Beiträge zur Anatomie und Histologie der Hydracarinen, bes. *Diplodontus despiciens* O. F. Müller. Z. Morph. u. Ökol. Tiere **30** (1935. — **Schulze, P.**: Über das Zustandekommen des Zeichnungsmusters und der Schmelzfärbung in der Zeckengattung *Amblyomma* nebst Bemerkungen über die Gliederung des Ixodidenkörpers. Z. Morph. u. Ökol. Tiere **25** (1932). — Über die Körpergliederung der Zecken, die Zusammensetzung des Gnathosomas und die Beziehungen der *Ixodidae* zu den fossilen *Anthracomarti*. Sitzgsber. naturforsch. Ges. Rostock **3** (1932). — Zur vergleichenden Anatomie der Zecken. (Das Sternale, die Mundwerkzeuge, Analfurchen und Analbeschilderung und ihre Bedeutung, Ursprünglichkeit und Luxurieren.) Z. Morph. u. Ökol. Tiere **30** (1936). — *Trilobita, Xiphosura, Acarina*. Eine morphologische Untersuchung über Plangleichheit zwischen Trilobiten und Spinnentieren. Z. Morph. u. Ökol. Tiere **32** (1937). — Durch Raummangel bedingte Hemmungserscheinungen an einzelnen Körperteilen in der Ruhenymphe der Ixodiden und das Auftreten entsprechender Bildungen als Art- und Gattungsmerkmal. Z. Morph. u. Ökol. Tiere **33** (1938). — Über rein glabellare Karapaxbildungen bei Milben und über die Umgestaltung des Vorderkörpers der Ixodiden als Folge der Gnathosomaentstehung. Z. Morph. u. Ökol. Tiere **34** (1938). — Das Geruchsorgan der Zecken. Untersuchungen über die Abwandlungen eines Sinnesorganes und seine stammesgeschichtliche Bedeutung. Z. Morph. u. Ökol. Tiere **37** (1941). — *Ixodina*. In: Biologie der Tiere Deutschlands, Teil 21. 1923. — **Sellnick, M.**: Die Milbenfauna Islands. Meddelanden frän Göteborgs Musei, Zool. Avdelning 83. Göteborg 1940. — **Sokolow, I.**: Untersuchungen über die Spermatogenese bei den Arachniden, V. Z. Zellforsch. **21** (1934). — **Stanley, J.**: Studies on the musculary system and mouth parts of *Laelaps echidninus* Berl. Ann. entemol. Soc. Amer. **24** (1931). — **Steding, E.**: Zur Anatomie und Histologie von *Halarachne otariae* St. Z. Zool. **121** (1924). — **Størmer, L.**: Studies on the *Trilobite morphology*. Part I. The thoracic appendages and their phylogenetic significance. Norsk Geologisk Tidsskr. **1939**. — **Thomae, H.**: Beiträge zur Anatomie der Halacariden. Zool. Jb., Anat. u. Ontog. **47** (1926). — **Trägårdh, I.**: The comparative morphology and phylogeny of the *Parasitidae* (*Gamasidae*). Ark. Zool. (schwed.) **7** (1911). — *Discomegistus*, a new genus of myriopophilus *Parasitidae* from Trinidad, with notes at the *Heterozercininae*. Ark. Zool. (schwed.) **7** (1911/13). — **Vitzthum**, Graf **H.**: Die Ceylon-Zecken der Sammlung Plate nebst Bemerkungen über das Auge von *Amblyomma clypeolatum* Neumann 1899. Jena. Z. Naturwiss. **62** (1925). — Milben, Acari. In Brohmer: Die Tierwelt Mitteleuropas, Bd. 3. 1929. — *Acarina*. In Kükenthal: Handbuch der Zoologie. Berlin u. Leipzig 1931. — *Acarina*. In Bronn: Klassen und Ordnungen des Tierreiches, 1. u. 2. Liefg. Leipzig 1940. — **Willmann, C.**: Terrestrische Acari der Nord- und Ostseeküste. Abh. naturforsch. Ver. Bremen **31** (1939). — **Winkler, W.**: Anatomie der Gamasiden. Arb. zool. Inst. Wien **1888**. — **Yalvaç, S.**: Histologische Untersuchungen über die Entwicklung des Zeckenadultus in der Nymphe. Z. Morph. u. Ökol. Tiere **35** (1939). — Der weibliche Geschlechtsapparat von *Ixodes*. Z. Morph. u. Ökol. Tiere **36** (1940).

Aufnahmebedingungen.

I. Sachliche Anforderungen.

1. Der Inhalt der Arbeit muß dem Gebiet der Zeitschrift angehören.

2. Die Arbeit muß wissenschaftlich wertvoll sein und Neues bringen. Bloße Bestätigungen bereits anerkannter Befunde können, wenn überhaupt, nur in kürzester Form aufgenommen werden. Dasselbe gilt von Versuchen und Beobachtungen, die ein positives Resultat nicht ergeben haben. Arbeiten rein referierenden Inhalts werden abgelehnt, vorläufige Mitteilungen nur ausnahmsweise aufgenommen. Polemiken sind zu vermeiden, kurze Richtigstellung der Tatbestände ist zulässig. Aufsätze spekulativen Inhalts sind nur dann geeignet, wenn sie durch neue Gesichtspunkte die Forschung anregen.

II. Formelle Anforderungen.

1. Das Manuskript muß leicht leserlich geschrieben sein. Die Abbildungsvorlagen sind auf besonderen Blättern einzuliefern. Diktierte Arbeiten bedürfen der stilistischen Durcharbeitung zur Vermeidung von weitschweifiger und unsorgfältiger Darstellung. Absätze sind nur zulässig, wenn sie neue Gedankengänge bezeichnen.

2. Die Arbeiten müssen *kurz* und in gutem Deutsch geschrieben sein. Arbeiten in den anderen Kongreßsprachen können nur aufgenommen werden, wenn es sich um die Muttersprache des Autors handelt. Ausführliche historische Einleitungen sind zu vermeiden. Die Fragestellung kann durch wenige Sätze klargelegt werden. Der Anschluß an frühere Behandlungen des Themas ist durch Hinweis auf die letzten Literaturzusammenstellungen (in Monographien, „Ergebnissen", Handbüchern) herzustellen.

3. Der Weg, auf dem die Resultate gewonnen wurden, muß klar erkennbar sein; jedoch hat eine ausführliche Darstellung der Methodik nur dann Wert, wenn sie wesentlich Neues enthält.

4. Jeder Arbeit ist eine kurze Zusammenstellung (höchstens 1 Seite) der wesentlichen Ergebnisse anzufügen.

5. Von jeder Versuchsart bzw. jedem Tatsachenbestand ist in der Regel nur *ein* Protokoll im Telegrammstil als Beispiel in knappster Form mitzuteilen. Das übrige Beweismaterial kann im Text oder, wenn dies nicht zu umgehen ist, in Tabellenform gebracht werden; dabei müssen aber zu umfangreiche tabellarische Zusammenstellungen unbedingt vermieden werden[1].

6. Die Abbildungen sind auf das Notwendigste zu beschränken. Entscheidend für die Frage, ob Bild oder Text, ist im Zweifelsfall die Platzersparnis. Kurze aber erschöpfende Figurenunterschrift erübrigt nochmalige Beschreibung im Text. Für jede Versuchsart, jedes Präparat ist nur *ein* gleichartiges Bild, Kurve u. ä. zulässig. Unzulässig ist im allgemeinen die *doppelte* Darstellung in Tabelle *und* Kurve. *Farbige* Bilder können nur in seltenen Ausnahmefällen Aufnahme finden. auch wenn sie wichtig sind. Didaktische Gesichtspunkte bleiben hierbei außer Betracht, da die Aufsätze in den Archiven nicht von Anfängern gelesen werden,

7. Die Beschreibung von Methodik, Protokollen und anderen weniger wichtigen Teilen ist für *Kleindruck* vorzumerken. Die Lesbarkeit des Wesentlichen wird hierdurch gehoben.

8. Das Zerlegen einer Arbeit in mehrere Mitteilungen zwecks Erweckung des Anscheins größerer Kürze ist unzulässig.

9. Doppeltitel sind aus bibliographischen Gründen unerwünscht. Das gilt insbesondere, wenn die Autoren in Ober- und Untertitel einer Arbeit nicht die gleichen sind.

10. An *Dissertationen*, soweit deren Aufnahme überhaupt zulässig erscheint, werden nach Form und Inhalt dieselben Anforderungen gestellt wie an andere Arbeiten. Danksagungen an Institutsleiter, Dozenten usw. werden nicht abgedruckt. Zulässig hingegen sind einzeilige Fußnoten mit der Mitteilung, wer die Arbeit angeregt und geleitet oder wer die Mittel dazu gegeben hat. *Festschriften* und *Monographien* gehören nicht in den Rahmen einer Zeitschrift.

---

[1] Es wird empfohlen, durch eine Fußnote darauf hinzuweisen, in welchem Institut das gesamte Beweismaterial eingesehen oder angefordert werden kann.